KB169935

아이를 키우면서 가장 많이 고민하는
13가지 질문에 대한 과학적 해답

아이를 키우면서 가장 많이 고민하는

13가지
질문에 대한
과학적 해답

천신 지음 | **고보혜** 옮김

카시오페아
Cassiopeia

새로운 교육 철학이 필요한 때

딸아이가 올해 다섯 살이 됐다. 처음 아빠가 됐을 때, 나는 전전긍긍했다. 명색이 심리학 교수로서 인지과학과 신경과학 분야에 나름대로 지식을 갖췄다고 자부했지만, 막상 꼬물거리는 작은 생명 앞에서는 문자 그대로 지식에 불과해서 구체적으로 어떻게 해야 할지 막막하기만 했다. 나는 우선 양육 관련 책을 더 읽고 인터넷의 도움도 받기로 했다. 그런데 인터넷을 검색하다가 떠도는 각종 육아 정보 중에 잘못된 것이 많다는 사실을 발견했다. '민감기'를 과도하게 해석한 나머지 아이를 조기교육 기관에 보내야만 좋은 조기교육을 받을 수 있다고 생각하거나, 아이가 '재미'있어해야만 교육 효과가 있다는 생각 등이 그 예다.

잘못된 육아 이론이 왜 이토록 많이 퍼졌을까? 첫 번째는 젊은 부모가 제대로 된 이론 교육을 받지 못했기 때문이다. 두 번째는 현대 인지신경과학이 처음 생겨난 것은 1997년인데 우리가 흔히 알고 있는 육아 이론은 모두 20년 전, 심지어 100년 전에 탄생한 것이기 때문이다. 즉 뇌과학과 발달심리학의 실제적 검증이 이뤄지기 이전의 이론들이다.

천신은 미국 코네티컷대학교에서 발달심리학 박사 학위를 받고 미국의 대학에 남아 후학을 양성하며 두 아들을 키웠다. 나는 육아의 어려움에 부딪힐 때마다 그녀에게 도움을 청하곤 했다. 천신은 과학자의 이성과 엄마의 섬세함으로 나의 어려움을 매번 훌륭히 해결해주었다.

나와 마찬가지로, 아이를 키우면서 온갖 궁금증을 안고 있는 부모가 많을 것이다. 이 책에서 그녀는 여러 잘못된 육아 개념을 고쳐주고, 자신의 연구와 실생활에 근거한 포괄적인 육아 철학을 제시하면서, 간단하고 쉬운 문제 해결법까지 공개했다. 예를 들면 아이가 막무가내로 떼를 쓸 때 부모가 할 일은 아이의 감정에 공감하는 것이다. 그러면 아이는 '다른 사람이나 자신을 해치지 않고 물건을 망가뜨리지도 않는다'라는 원칙을 지키며 감정을 표현할 수 있게 된다. 말이나 그림으로 표현할 수도 있고, 자기 머리에 연기가 피어오르는 엉뚱한 상상을 할 수도 있다. 이렇게 표현을 하고 나면 떼쓸 이유가 더는 없어진다.

우리의 자녀는 새로운 시대에 살고 있다. 모바일 인터넷을 비롯하여 인공지능AI, 가상현실VR 등 부모 세대도 처음으로 접해보는 새로운 기술에 둘러싸여 살아간다. 신경과학과 인지과학 역시 지난 20년 동안 빠른 속도로 발전해왔으며, 매년 엄청난 양의 새로운 지식이 등장한다. 그래서 기존의 아동 교육 철학 중 많은 것이 시대에 뒤처진 것이 됐다. 내가 양즈핑陽志平 선생님, 천신 박사 등과 함께 뇌과학과 대뇌과학 기술에 기초해 아이들의 탐색과 창조 활동을 도와주는 아이브레인 클럽iBrain Club 아동 교육 프로그램을 만든 것도 그 때문이다.

천신 박사의 교육 철학이 모두에게 새로운 깨우침을 주어 과학적이면서도 더 편안하게 아이를 키울 수 있게 해주리라 믿는다. 나와 당신을 비롯한 모두의 아이가 함께 행복하게 성장하기를 바란다.

웨이쿤린魏坤淋
iBrain Club 아동실험실 주임
베이징대학교 심리학 교수

아이의 진짜 모습을 보라

내가 처음 천신을 알게 된 것은 3년 전 웨이보(중국의 대표적인 소셜 네트워크 서비스—옮긴이)에서 그녀가 쓴 글을 읽고서였다. 나는 본래부터 심리학에 관심이 있었는데 아이가 생긴 이후로 그런 경향이 더욱 강해졌다. 매일 이 작은 생명체를 마주할 때마다 넘치는 에너지에 감탄하면서 '아이의 머릿속엔 어떤 세계가 있을까?' 하는 궁금증이 커졌다. 그래서 많은 자료를 찾아보기 시작했는데 책에서 블로그로 눈을 돌리자 더욱 흥미진진해졌다. 천신 박사의 글을 발견한 것도 그때였다.

전반적인 환경의 변화 때문인지 최근 몇 년 사이 중국 부모들의 육아에 대한 고민이 봇물 터지듯 쏟아져 나왔다. 그 와중에 이른바 '과학적 육아'가 이슈로 떠오르면서 과학이란 단어로 포장된, 값싼 지식을 종합한 육아자료가 넘쳐나고 있다. 하지만 사실 과학이란 '사실에 가까운' 진리 탐구 방법 중 하나일 뿐 결론을 도출하는 모든 단계가 옳은 것은 아니다. 특히 그 탐구의 대상이 사람의 마음이라면 더더욱 그렇다. 환경에 따른 변수가 거의 무한에 가까울뿐더러 도덕적 요소나 시대적인 측면까지 고려해야 한다. 그래서 심리학 연구는 종종 관련성을 발견하는 데 의의를 둔다. 설령 인과관계까지 도출한다 해도 '어느 정도 그러하다'라고 이야기할 뿐이다. 예컨대 일반 상식에 따르면 안정애착이 아이가 발달하는 데 여러 면(사회성, 자존감, 자기효능감 등)에 무시할 수 없는 긍정적 영향을 미친다고 하지만, 이것마저도 절대적인 것은 결코 아니다.

천신은 발달심리학 박사로서 분명 신뢰할 만한 기초 지식을 바탕으로 육아에 대한 글을 썼다. 그렇지만 내가 더 중요하게 생각했던 점은 그녀가 자신이 공부한 과학 지식에 얽매이지 않고 자신의 감정으로 아이를 대했다는 점이다. 그녀가 아이와 함께 얼마나 흥겹고 재치 넘치는 시간을 보내는지 그녀의 블로그를 보면 알 수 있다. 한 예로, 그녀는 승부욕 강한 아들이 놀이 중에 때때로 지나치게 흥분하자 '마법의 고무줄'이란 방법을 생각해냈다. 고무줄을 아이의 손목에 걸어서 고무줄의 감촉이 느껴질 때마다 잠시 진정하게끔 하는 방법이다. 이것은 과학은 아니지만, 아이의 세계를 이해하는 엄마가 아이의 눈높이에 맞춰 내놓은 훌륭한 해법이다. 이렇듯 그녀는 자신의 지식을 활용해 아이의 상황을 이해하고, 아이가 느끼는 감정과 필요를 파악하는 데 집중했다.

과학적 육아를 맹신하는 부모는 종종 '책에서 이렇게 하면 효과가 있다는데 왜 우리 아이에게는 효과가 없을까?' 하면서 초조해한다. 또는 '책에서 매우 중요하다고 했으니 무슨 일이 있어도 해낼 거야!'라며 무리하게 몰아붙이기도 한다. 이런 함정에 빠지지 않으려면 육아서가 좋은 책인지 아닌지를 먼저 판단할 줄 알아야 한다. 작가가 정말 마음을 다해서 경험을 기반으로 썼는지, 아니면 단지 지식과 부호와 논리만을 늘어놓았는지를 분별하는 것이다. 아이는 기계가 아니어서 논리대로 착착 맞아떨어지지 않고 상황별로 미묘한 차이에 대처하는 일이 더 중요하기 때문이다. 사람은 살아 있는 존재로 풍부한 감정을 가지고 있으며 각각의 동기에 따라 끊임없이 변화한다. 그렇기에 많은 지식을 쌓았다고 거기에만 얽매여 있으면 아이의 진짜 모습을 보지 못할 수 있다. 도리어 아이를 그 지식의 틀 안으로 끌어들이고자 아이 본연의 모습이 아닌 것을 강요하게 된다. 책을 많이 읽을수록 더 고민에 빠질 수도 있다는 뜻이다. 그렇지만 우리에겐 이 난관을 타개할 방법이 있다. 이론적 지식을 갖춘 저자가 마음을 다해서 쓴 이 책 말이다.

'아이의 내적 세계는 도대체 어떤 모습일까?', '아이가 된다는 건 어떤 경험일까?', '아이의 마음과 능력은 어떤 과정을 거쳐서 발달할까?' 모든 부모가 가지는 이 궁금증에 발달심리학을 전공한 천신이 해답을 들려준다. 해답은 과학과 직관, 대뇌와 감성을 결합하여 상호 검증을 거칠 때 얻을 수 있으며 그런 면에서 이 책은 신뢰할 만하다. 이것이 바로 내가 이 책을 추천하는 이유다.

류웨이펑刘未鵬
《어둠의 시간暗時間》 저자

차례

추천의글1 새로운 교육 철학이 필요한 때 •4

추천의글2 아이의 진짜 모습을 보라 •7

제1장 **내 아이가 안정감 결핍일까?**   16

엄마는 아이의 안전기지다 •18

심리학자가 발견한 안정애착의 비밀 •22

아이의 표현 방법은 단계별로 달라진다 •26

'버릇 나빠질 것'을 걱정하지 마라 •29

'껌딱지'를 해결하려면 •31

엄마의 긍정적인 말과 표현이 중요한 이유 •34

아이가 마음껏 탐색할 수 있는 환경을 만들어주자 •36

실전TIP 이해받은 아이만이 안정감을 형성할 수 있다 •39

제2장 **조기교육 정말 필요할까?**   46

대뇌는 한번 배우면 까먹지 않는다 48

바람직한 조기교육이란? 53

핵심은 균형이다 60

실전TIP 가정이 조기교육의 주요 동력이다 •64

제3장 **민감기는 정말 어느 시기에나 있을까?** 72

민감기란 무엇인가? •74

그리기를 좋아한다고 그리기 민감기라 할 수 있을까? •79

'문자에 대한 민감기'를 소극적으로 기다리지 말라 •82

아이의 학습 창은 생각보다 넓다 •86

실전TIP 민감기에 얽매이지 마라 •90

제4장 **TV는 교육에 득일까, 실일까?** 96

영유아가 TV를 보는 것은 적합하지 않다 •98

교육용 프로그램의 과장된 효과 •105

진짜 사람과의 상호작용이 상호작용형 화면보다 유익하다 •109

실전TIP 미디어는 신중하고 효율적으로 이용해야 한다 •113

제5장 **규칙이 천성을 억압할까?** 120

규칙은 교양이지 금지가 아니다 •122

규칙이 천성을 제한하진 않는다 •129

실전TIP 부모와의 관계가 좋아야 규칙도 의미가 있다 •136

제6장 **아이들은 왜 떼를 쓸까?** 148

부정적인 정서에 대한 흔한 오해 •149

문제보다 먼저 감정을 해결해야 한다 •152

단계에 따른 정서적 소통 방법 •156

실전TIP 시스템은 공정하되, 응용은 융통성 있게 •166

제7장 **만족을 지연하면
자기 통제력이 높아질까?** 174

만족을 지연한다는 것의 의미 •176

자기 통제력과 만족 지연 •178

자기 통제력을 전체적으로 키워라 •180

자기 통제력을 키워주는 방법 •183

실전 TIP 적절한 시간에 적절한 일을 하는 것이 자기 통제력의 기본이다 •191

제8장 **왜 칭찬할수록 대단해질까?** 198

칭찬이 가진 놀라운 힘 •200

어떻게 칭찬해야 할까? •202

칭찬의 궁극적인 목표는 자신감을 심어주는 것 •207

실전 TIP 부모가 꼭 알아야 할 칭찬의 기술 •212

제9장 **좌절할수록 용감해질까?** 218

좌절을 만드는 것이 아니라 이겨내도록 지원해야 한다 •220

부모의 지지를 통해 아이는 사회에 더 잘 적응할 수 있다 •221

부모는 어떻게 도와줄 수 있을까? •224

실전 TIP 부모의 사랑은 아이의 의지를 굳건히 하는 버팀목이다 •231

제10장 **일등을 하도록 떠밀어야 할까?** 238

인생은 시합이 아니다 •240

사람이 아닌, 일에 대해 평가하라 •243

이기고 지는 것보다 더 중요한 것을 가르쳐라 •245

경쟁 속에서 협력을 배운다 •248

실전TIP 모든 경쟁을 차단할 수도 없고, 그럴 필요도 없다 •250

제11장 즐거운 교육이란 무엇일까?   256

성장은 곧 변화다 •258

웃음과 눈물은 똑같이 중요하다 •260

실전TIP 성장 과정에 즐거움만 가득하지는 않다는 걸 받아들이자 •268

제12장 '말 잘 듣는 아이'는 독립심이 낮을까?   278

남의 말에 귀 기울이는 것이 왜 중요할까? •279

경청 능력을 길러주는 방법 •282

'말을 잘 듣는 것'과 '독립심'은 모순되지 않는다 •285

실전TIP 독립심을 어떻게 키워줄 것인가? •287

제13장 학습이 상상력과 창조력을 파괴할까?   296

지식은 상상력과 창의력의 기초다 •298

걱정하지도, 조급해하지도 마라 •300

경고: 이렇게 하면 아이의 상상력과 창의력을 해친다! •303

실전TIP 상상력과 창의력은 생활 속 힘을 합한 결과다 •310

에필로그 양육에 대한 오해의 늪에서 빠져나오려면 •315

제1장

◇◇◇◇◇◇◇◇◇◇◇◇◇◇◇

내 아이가
안정감
결핍일까?

　정상적인 부모 자식 관계에서는 안정감이 발달하는데, 이는 부모와 자녀가 상호작용하는 방식과 긴밀한 관계가 있다. 아이의 발달 규칙을 존중하고, 아이의 감정에 관심을 갖고 이해해주며, 아이가 필요로 할 때 즉시 응해준다면 아이에게 적절하고 안정적인 환경을 만들어줄 수 있다. 이런 환경을 갖추면 자녀에게 안정감이 결핍된 것은 아닌지 시시때때로 걱정할 필요가 없다.

　"우리 아이는 밖에서 다른 친구들과 놀 때 항상 무시당하고, 그러면서 뭐라고 말도 못 해요. 혹시 안정감 결핍인가요?"

　"아이가 걸핏하면 다른 친구를 때려요. 안정감이 부족해서 그런 걸까요?"

　"아이가 다른 친구들과 함께 노는 걸 싫어해요. 낯선 곳에 가는 걸 두려워하고요. 안정감 때문인가요?"

"우리 아이는 뭐든 다른 사람에게 나눠주지 않아요. 자기 물건에 집착이 심해요. 안정감을 채우려는 걸까요?"

"아이가 유치원에 다닌 지 한 달이 됐는데 아직도 매일 아침 울어요. 안정감 결핍인가요?"

"출산 휴가가 끝나 직장에 복귀했는데, 아침마다 울고불고 난리예요. 안정감에 문제가 있는 건가요?"

"아이를 꾸짖으려고 하면 울어요. 혹시 안정감 문제인가요?"

매일 나의 블로그에는 아이의 성장 과정에서 발생하는 문제들에 대한 질문이 쏟아진다. 그중 많은 부분을 차지하는 것이 '안정감' 문제다. 많은 엄마가 이 문제에 대해 지나치게 염려하고, 자신이 뭔가 잘못해서 아이의 안정감이 결핍된 건 아닌지 걱정한다.

나는 이러한 현상을 통해 최근 '안정감'이라는 단어가 유행하고 있으며 심지어 만능 바구니가 됐다는 사실을 발견했다. 양육 과정에서 직면하는 많은 문제를 습관적으로 안정감 결핍이라는 바구니에 던져 넣는 것이다.

이러한 방식으로는 올바른 해결책을 찾을 수 없다. 모든 문제에 '안정감 결핍'이라는 딱지를 붙이면 문제를 해결할 수 없을 뿐만 아니라 오히려 더 그르칠 수도 있다. 예를 들어 아이가 울고불고하는 데는 여러 이유가 있다. 아이가 아직 자신의 감정을 적절히 전달하는 방법을 배우지 못해서일 수도 있고, 부모가 아이와 소통하는 올바른 방법을 찾지 못해서일 수도 있다. 어쨌거나 아이는 자신의 마음을 이해해달라고 그러는 것이다. 친구와 놀다가 울었다면 어떻게 하면 그 친구와 사이좋게 지낼 수 있는지 가르쳐 달라는 뜻으로 그랬을 수도 있다. 그러니 부모는 아이의 여러 가지 행동을 일률적으로 해석하지 말고, 아이의 나이와 특징을 고려해 원인을 찾아야 한다.

그렇다면, 아이의 안정감이란 무엇일까? 그리고 어떻게 형성될까? 안정감이 아이의 발달에 어떤 영향을 미칠까? 아이가 안정감을 형성하도록 하려면 부모는 어떤 도움을 줄 수 있을까?

엄마는 아이의 안전기지다

아이에게 안정감이란 무엇일까? 만 0~1세의 영아는 기쁨, 화남, 슬픔, 두려움이라는 네 가지 기본 정서를 점차 발달시킨다. 아이에게 이 광활한 세계는 새로운 사물로 가득 차 있는 곳이기에 때때로 두려움을 느낄 수밖에 없다. 이때 아이는 엄마를 안전기지로 삼는다. 아이는 알고 있다. 위험하다는 생각이 들거나 무서울 때 엄마에게 돌아가면 보호받을 수 있다는 것을. 낯선 상황에서 아이가 엄마 품으로 파고든다면 아이에게 안정감이 세워지기 시작했다고 말할 수 있다. 아이의 안정감은 엄마를 신뢰하는 데서 나오며 엄마에게 보호받음으로써 발달한다.

그렇다면 아이는 엄마가 안전한 울타리가 된다는 것을 어떻게 알까? 심리학자 에릭 에릭슨Erik H. Erikson[1]이 주장한 인격의 심리 사회적 발달 이론에 따르면 모든 사람은 성장하는 각각의 단계에서 어떤 갈등을 경험하는데, 각 단계의 갈등을 적극적으로 해결할수록 더욱 건강한 인격체로 자라날 수 있다고 한다. 출생 후 첫돌이 될 때까지 아이가 해결해야 할 갈등은 '신뢰 대 불신'이다. 다시 말해 주 양육자를 신뢰하느냐 그렇지 못하냐가 이 단계의 핵심 갈등이다. 따라서 이 시기 영아의 중요한 사회 심리 과제는 주 양육자(일반적으로 엄마)와 신뢰 관계를 형성하는 것이다.

이 단계에서 아이는 엄마에게 완전히 의지해야 한다. 엄마가 아이의 필요에 민감하게 반응하여 일관되고 즉각적으로 충족시켜주면, 아이는 엄마를 신뢰하고 엄마에 대해 안정애착secure attachment을 형성하게 된다. 이럴 때 엄마는 아이가 세상을 탐색할 수 있도록 해주는 가장 든든한 지지대가 되며, 아이는 더욱 적극적으로 자신을 표현할 수 있게 된다.

★ 안정애착을 형성한 아이는 새로운 사물에 호기심을 가지고 적극적으로 탐색한다. 이것이 학습의 기초이며 앞으로 학습하고 새로운 환경에 적응하는 데 도움이 된다.

★ 아이가 엄마의 안정과 적극적인 반응을 얻게 되면, 자신감이 생겨서

---

1 미국의 심리학자로 인격의 심리 사회적 발달 이론을 주장했다. 인간 발달을 8단계로 구분하고 단계마다 특별한 심리적 갈등이 존재한다고 했다. 단계별로 특별한 심리적 갈등을 해결하는 것이 심리 과제이며, 원만히 해결해야만 건강한 인격체로 자랄 수 있다. 예컨대 만 0~2세 영유아 시기에는 양육자에 대한 기본적인 신뢰가 필요하며, 만 2~4세의 유아기에는 자율성을 얻어야 한다. 더 자세한 내용은 로라 버크의 《전 생애 발달심리학》을 참조하기 바란다.

다른 사람에게도 비교적 우호적인 태도를 보이고 적극적으로 교류하게 된다. 또한 자아 정서적 표현과 조절 능력 역시 발달하게 된다. 이는 아이가 장차 대인관계를 원만히 형성하는 데 도움이 된다.

아이가 필요를 느낄 때 엄마가 민감하게 반응하지 않거나, 때로는 만족시켜주고 때로는 만족시켜주지 않는 등 일관되게 충족시켜주지 않으면 아이는 엄마를 신뢰하지 못한다. 다시 말해 아이는 엄마에 대해 불안정애착 insecure attachment을 형성하게 된다. 이러한 불안정애착은 아이의 미래 성격 형성에 부정적인 영향을 미친다.

★ 불안정애착을 형성한 아이는 이 세계가 위험하다고 느낀다. 왜냐하면 안전한 버팀목이 없기 때문이다. 새로운 사물에 대한 공포심이 태생적으로 지니는 호기심을 덮어버려 새로운 사물을 두려워하게 되고 새로운 환경에서 흥미진진한 탐색 놀이를 즐기지 못한다.

★ 가장 가까운 엄마마저 신뢰하지 못하는 아이는 당연히 타인을 신뢰할 수 없으며, 다른 사람과 어울리는 것을 두려워하게 된다. 엄마와의 상호작용은 아이가 가장 먼저 배우는 인간관계 기술이다. 엄마와 아이의 상호작용이 안정적이지 못하고 아이가 필요를 느낄 때 엄마가 민감하게 반응해주지 않는다면, 아이는 나중에 친구들이나 선생님과의 교류를 두려워하게 된다. 다른 사람의 주의를 어떻게 끌어야 할지 모르거나 다른 사람의 행동을 예측하지 못해 어떻게 반응해야 할지 막막해한다.

이는 모두 아이가 인간관계를 쌓아가는 데 영향을 미친다.

거듭 말하지만 아이는 엄마를 신뢰함으로써 엄마에 대해 안정애착을 형성하고 안정감을 느끼게 되며, 이렇게 최초로 얻은 안정감을 점차 발달시켜나간다. 실제로 아이들이 노는 모습을 보면 이 점을 어렵지 않게 확인할 수 있다. 아이들은 새로운 곳에서 새로운 장난감에 빠져 놀다가도 한 번씩 고개를 돌려 엄마를 찾는다. 그리고 엄마와 눈이 마주치면 마음을 놓고 다시 논다. 이런 경험을 반복하다 보면 차차 엄마가 옆에 없더라도 여전히 자신이 안전하다고 느낀다. 유치원에 갈 때도 몇 시간 떨어져 있는 것일 뿐 두렵거나 버려졌다고 느끼지 않는다. 엄마가 자신을 데리러 오리라는 걸 알기 때문이다. 게다가 유치원에서 활동 범위와 인간관계가 확대되면서 엄마 이외의 사람과도 관계 맺는 것을 배운다. 이러한 과정을 원만히 경험한다면 아이는 더욱 강한 안정감을 느끼게 된다. 자라면서 느끼는 이러한 안정감은 아이가 더 넓은 미지의 세계와 미지의 인간관계를 대면하도록 도와준다.

한 연구 결과 중산층 가정의 자녀는 엄마에 대한 애착이 비교적 안정적이었다. 이것은 엄마가 아이의 발달에 유리한 환경을 제공하고, 자녀에게 안정적이고 적극적으로 반응했다는 의미다. 그에 비해 빈곤 가정에서는 안정애착이 형성된 예가 더 적었다. 경제적인 스트레스 탓에 엄마가 자녀에게 안정적인 관심을 주지 못하거나 심지어 무관심한 모습을 보인 가정이 많았기 때문이다. 이러한 가정일지라도 형편이 나아져 아이에게 관심을 쏟으면 불안정애착에서 안정애착으로 바뀔 수 있다. 안정애착 또는 불안정애착은 한번 형성됐다고 해서 고착되는 것이 아니므로 아이가 안정감을 갖도록 늘 신경 써야 한다.

어쩌면 여기까지 읽고 많은 엄마가 걱정하고 있을지도 모르겠다.

'출장을 자주 가서 아이와 떨어져 있는 때가 많았는데 그것이 안정감 결핍을 초래하지 않았을까?'

'건강상의 이유로(또는 직장에 복귀해야 해서) 모유 수유를 하지 못했는데 괜찮을까?'

지나친 걱정에 빠져들기 전에 안정애착이 어떻게 형성되는지를 이해하자. 그 과정만 이해한다면 직장이나 다른 일로 바쁜 엄마도 아이가 안정애착을 형성하도록 도와줄 수 있다.

심리학자가 발견한 안정애착의 비밀

모유보다 중요한 것은 충분히 안아주는 것

사람들은 혹시 엄마가 아이에게 모유와 먹을 것을 주기 때문에 다른 사람이 아닌 엄마에게 애착을 갖는 것이 아닐까 하고 생각했다. 그런 가운데 1950~60년대 심리학자들이 엄마와 아이 사이에 형성되는 애착의 비밀을 캐기 시작했다. 이 연구는 과학적 양육에 긍정적이며 심오한 영향을 미치기도 했다.

과연 애착은 먹을 것에서 올까, 아니면 다른 원인이 있을까? 윤리적인 문제로 아이에게 직접 실험할 수 없기 때문에 심리학자인 해리 할로Harry F. Harlow[2]는 어린 원숭이에게 다음과 같은 실험을 했다.

태어난 지 얼마 되지 않은 어린 원숭이를 엄마 원숭이와 분리해 혼자 우리에 두었다. 우리 안에는 2개의 엄마 원숭이 모형이 있었다. 하나는 철사로 만든 것이고 다른 하나는 헝겊으로 만든 것이다. 철사로 만든 엄마 원숭이는 젖을 주었고 헝겊으로 만든 엄마 원숭이는 주지 않았다. 과연 새끼 원숭이는 철사 엄마와 헝겊 엄마 중 누구를 더 좋아했을까? 만약 애착이 오로지 먹을 것 때문이었다면 새끼 원숭이는 젖을 주는 철사 엄마를 더 좋아할 것이다. 하지만 새끼 원숭이는 배가 고플 때 말고는 철사 엄마에게 가지 않았다. 대부분의 시간을 헝겊 엄마와 보냈다. 이 결과를 보고 할로는 엄마가 주는 신체 접촉과 편안함이 애착을 형성하는 중요한 요소라고 지적했다.

포옹은 영아에게 더 중요한 의미가 있다. 할로는 또 다른 실험을 했다. 어린 원숭이가 있는 우리에 큰 소리로 북을 치는 장난감 곰을 넣었다. 겁을 먹은 새끼 원숭이는 누구에게 달려갔을까? 바로 헝겊 엄마였다. 그는 날아가듯 헝겊 엄마에게 달려가 꽉 끌어안은 채 놓지 않았다. 그러고는 천천히 안정을 찾았다. 얼마 후 이상한 일이 일어났다. 새끼 원숭이가 과감

----

2 미국의 저명한 심리학자. 붉은털원숭이를 대상으로 한 그의 연구는 애착에 대한 이해를 높이는 데 커다란 공헌을 했다.

하게 곰을 위아래로 훑어보더니, 심지어 헝겊 엄마를 벗어나 곰 가까이 다가가 '도대체 이게 뭘까?' 하는 표정으로 관찰했던 것이다. 헝겊 엄마는 새끼 원숭이의 안전기지였고, 새끼 원숭이에게 안정감을 준 것이 틀림없다.

또 다른 실험에서는 새끼 원숭이를 새로운 방으로 옮겼다. 사실 이 방은 매우 안전했다. 몇 개의 장난감과 물건 몇 가지가 있을 뿐이다. 하지만 새끼 원숭이에게 이곳은 완전히 새로운 환경이었다. 새끼 원숭이는 방에 들어서자 매우 긴장했다. 할로는 젖을 주는 철사 엄마를 방에 넣었다. 그가 예상한 것처럼 철사 엄마는 새끼 원숭이의 긴장을 푸는 데 어떤 도움도 되지 않았다. 새끼 원숭이는 바닥에 웅크린 채 움직이려 하지 않았다. 하지만 헝겊 엄마를 방에 넣자 쏜살같이 달려가 꽉 끌어안았다. 공포심은 금세 사라져 불과 몇 초 만에 이 어린 원숭이는 방 안을 누비고 다니며 물건을 관찰하고 탐색하기 시작했다. 이 실험은 그 전 실험에서 한 걸음 더 나아가, 헝겊 엄마가 든든하게 버팀목이 되어주자 새끼 원숭이가 호기심으로 마음껏 세상을 탐색한다는 사실을 증명했다. 새끼 원숭이에게 헝겊 엄마는 안전한 울타리이기 때문에 헝겊 엄마가 있는 한 마음을 놓을 수 있다고 여긴 것이다.

이 실험을 통해 심리학자들은 포옹과 포옹이 가져다주는 편안함, 정서상의 지지 등이 아이와 엄마가 애착을 형성하는 기초가 된다고 생각했다. 영장류(당연히 인간도 포함된다)의 아이는 포옹을 갈망한다. 엄마에 대한 애착은 단지 엄마가 먹을 것과 마실 것을 주기 때문이 아니며, 더 중요한 것은 엄마와의 스킨십이다.

스킨십은 아이의 발육에 매우 중요하다. 한 연구는 스킨십이 이뤄지면 아이의 대뇌에서 성장을 촉진하는 화학물질이 분비된다는 사실을 발견했다. 일부 국가에서는 미숙아가 태어나면 엄마나 아빠가 안고 있도록 하는데, 이를 캥거루 케어Kangaroo care라고 한다. 이렇게 하면 미숙아의 체온이 조절되고 잠도 잘 자며 청각, 미각 등 모든 면에 도움이 된다. 게다가 이렇게 신체를 접촉하면 부모가 아이의 필요에 더 민감하고 더 참을성 있게 반응할 수 있고, 결과적으로 서로 간에 애착을 형성하는 데 유리하다. 이러한 포옹의 장점을 살리기 위해 현재 미국 병원의 80% 정도가 미숙아에게 캥거루 케어를 하고 있다.

　심리학자 존 볼비John Bowlby는 애착 이론의 창시자다. 그가 최초로 연구한 대상은 제2차 세계대전 중 부모를 잃은 아이들이었다. 이들은 고아원에서 음식은 먹을 수 있었지만 보육자에게 사랑과 정서적 지지를 받을 수 없어서 안정애착을 형성하지 못했다. 일반적으로 고아는 생리적·심리적 발달이 다른 아이들보다 뒤처지며, 심지어 일부는 성년이 된 후에도 냉소적이거나 다른 사람과 건전하고 친밀한 관계를 형성하려고 하지 않는다.

　현실적으로 어떤 엄마들은 아이와 떨어져 있을 수밖에 없는 사정에 처하며, 그래서 걱정을 많이 한다. 하지만 아이의 발달은 유연성이 매우 큰 과정이다. 아빠 또는 조부모도 안정애착의 대상이 될 수 있다. 아이에게 안정적이고 규칙적인 생활을 제공해주고 안정적이고 일관되게 돌봐준다면 그 보호자와도 안정애착을 형성할 수 있다. 이런 환경이라면 안정감 결핍을 우려하지 않아도 된다. 물론 엄마가 돌아왔을 때 아이를 충분히 안아주고,

함께하는 동안 양질의 시간을 보내야 한다. 시간을 정해놓고 함께 특별한 일을 한다면 이 역시 아이와 친밀한 관계를 만드는 데 도움이 된다.

과학적 실험과 연구를 통해서 우리는 엄마(또는 주로 돌봐주는 사람)의 포옹이 아이에게 안정애착을 형성한다는 중요한 사실을 배웠다. 이제 또 다른 문제를 짚어보자.

'우리 아이는 낯선 사람만 보면 울어요.'

'우리 아이는 온종일 달라붙어서 좀처럼 떨어지려 하지 않아요.'

쉽게 말해 낯가림이 심한 것에 대한 걱정이다. 하지만 이 역시 걱정할 문제가 아니다. 아이의 성장 과정에서 나타나는 정상적인 표현 방법이기 때문이다.

아이의 표현 방법은 단계별로 달라진다

볼비는 영유아기 애착이 4개의 비교적 광범위한 단계를 거쳐 발달한다고 주장했다. 그 단계가 도달하는 최종 지점은 엄마와 아이 간 관계가 평행해지는 것이다.

1_전 애착 단계preattachment phase

생후 0~6주. 아이는 엄마가 있는 곳에서 먹을 것과 편안함을 얻는다. 이 시기에는 아이를 엄마와 분리한다고 해서 아이가 불안해하거나 초조해하지 않는다. 아이는 아직 생소한 것을 두려워하지 않고 익숙한 사람과 낯선 사람에 대한 반응에 차이가 없다.

2_애착 형성 단계attachment-in-the-making phase

생후 6주에서 6~8개월 사이. 아이는 익숙한 사람과 낯선 사람을 구분하여 다르게 반응하고 분리불안의 조짐을 보이기 시작한다. 이때 아이가 낯선 사람을 보고 울었다면 낯선 사람과 있고 싶지 않다는 뜻이다. 이는 정상적인 현상으로 아이가 겁이 많다고 염려할 필요는 없다. 만약 6~7개월 정도의 아이를 만났다면 함부로 볼을 만지거나 안으려고 해서는 안 된다. 아이에게 스트레스를 주는 상황은 최대한 피하는 것이 좋다.

3_애착 단계clear-cut attachment phase

생후 6~8개월부터 18~24개월. 엄마가 사라지면 뚜렷한 분리불안 증세를 보인다. 특히 엄마에게 딱 붙어 떨어지려 하지 않는다. 이는 정상적인 현상이다. 아이가 부모와 떨어지지 않으려고 울며 떼쓰는 상황을 아마 대부분이 경험했으리라 생각한다. 정상적인 아이는 생후 6~18개월 사이 분리불안을 경험한다. 하지만 엄마와 성공적으로 안정애착을 형성한 아이는 비교적 쉽게 진정하고 강한 탐색 욕구와 독립심을 보이는 등 분리불안 증세가 심하지 않다.

4_상호 관계 형성 단계|reciprocal relationships

생후 18~24개월 이후. 이 기간에 엄마와 아이는 상대방과의 관계를 함께 조정하고 균형을 유지한다. 엄마는 자신이 어디에 가는지 그리고 얼마의 시간이 지난 뒤 돌아올지 설명할 수 있다. 그리고 아이는 이야기를 하나 들려주고 가라든지 뽀뽀를 세 번 해주고 가라는 등의 조건을 제시할 수 있다. 이 단계에서 아이는 부모가 가서 무얼 하는지, 얼마 후에 돌아오는지 이해할 수 있고 부모가 반드시 돌아온다고 믿는다. 또한 자신이 양자의 관계 속에서 중요한 존재라는 사실을 발견한다. 그래서 부모와 잠시 떨어져 있는 것을 받아들이게 된다. 안정적인 애착 관계는 아이가 부모와 떨어져 있을 때도 여전히 안정감을 준다.

안정감은 한번 분리됐다고 해서 결핍되지 않는다. 그리고 특정 시간 동안 함께했다고 해서 반드시 형성되는 것도 아니다. 이는 점진적인 과정으로, 아이가 성장하는 모든 단계에 각각의 상황과 규율이 존재한다. 아이가 어려서부터 부모와 상호작용을 하는 모든 과정에서 한 방울씩 형성되는 것이다. 그리고 점차 다른 사람과 어떻게 상호작용하는지, 어떻게 미지의 세계에 대응해야 하는지까지 확대된다.

안정애착을 형성하는 방법과 각 단계의 특징을 이해하면 부모는 불필요한 걱정을 덜 수 있다. 그러면 어떻게 해야 아이가 행복하고 건강하게 성장할지에 집중할 수 있다.

'버릇 나빠질 것'을 걱정하지 마라

아이가 태어나는 순간 부모의 고민도 시작된다.

'아이가 울면 안아줘야 하나, 그냥 둬야 하나?'

'자꾸 안아주면 버릇이 나빠질까?'

나는 부모가 아이의 성장 과정을 이해하고 부모와 자식 간의 관계, 애착 관계의 형성 면에서 이 문제를 생각해보기를 권한다. 아이를 대하는 모든 방식이 애착 관계 형성에 영향을 미치기 때문이다.

영아를 연구한 많은 전문가는 아이의 버릇이 나빠질 것을 염려할 필요가 없다고 말한다. 생후 6개월 이전의 영아가 우는 것은 대개 생리적 보살핌 또는 생존을 위해 무언가 필요하다는 확실한 신호다. '배가 고파요', '기저귀가 축축하니 갈아주세요', '배가 더부룩해요.' 아니면 주변에 무언가 새로운 변화가 나타나서 울 수도 있다. 이 단계에서 아이가 운다는 건 정말로 부모의 도움이 필요하다는 뜻이며 이것이 아이가 문제에서 벗어나고자 하는 방식이다. 이 단계의 아이는 우는 척하며 부모와 힘겨루기할 능력을 갖추고 있지 않다. 인지와 사고가 '어떤 행위와 그 결과'라는 논리적 관계를 해석할 수 있는 단계에 이르지 못한 것이다. 그러므로 우는 아이에게 즉각적으로 반응해야 하며, 무엇이 아이를 불편하게 했는지 살펴봐야 한다.

한 영아 연구 보고에서 생후 4개월 된 아이가 배가 고파서 크게 울다가 일단 엄마가 가까이 오자 수유를 하지 않아도 울음을 멈춘다는 사실을 발견했다. 매일 규칙적인 생활 속에서 엄마의 돌봄을 인식했고, 엄마가 가까이 오자 곧 자신을 보살펴주리라는 것을 알고 천천히 울음을 멈춘 것이다.

아이의 필요를 즉각적이고 적절하게 충족시켜주는 것은 '지나친 사랑'이 아니다. 오히려 영아는 엄마의 신속하고 안정적이며 반복적인 행동을 통해 자신과 엄마의 관계를 인식하고 엄마에 대해 안정애착을 형성하며, 나아가 외부 세계에 대한 신뢰와 안정감을 형성할 수 있다.

심리학자 메리 에인스워스Mary Ainsworth의 연구에 따르면 생후 0~3개월 때 부모가 영아의 울음에 즉각적이고 적절히 반응했다면(즉, 불편함을 초래하는 원인을 제거했다면) 다음과 같은 장점이 있다고 했다.

★ 생후 8~12개월이 되면 부모로부터 즉각적인 반응을 받지 못한 아이에 비해 우는 횟수가 훨씬 줄어든다.
★ 생후 8~12개월 무렵 소통 방식이 상대적으로 잘 발달한다. 말은 할 수 없지만 표정이나 신체 언어, 손짓, 옹알이 등으로 다른 사람과 소통하고 무조건 우는 행동은 하지 않는다.

즉각적인 반응 방식에는 아이가 울면 곧바로 안아주는 것 외에도 여러 가지가 있다. 얼른 다가가 배가 고픈지, 기저귀를 갈아줘야 하는지 살펴보는 것도 그중 하나다. 아니면 아이에게 말을 걸거나 노래를 불러주거나 아이의 피부를 어루만져줄 수도 있다. 이러한 행동은 불편함을 해소해주고 자신이 관심받고 있음을 느끼게 하여 신뢰를 갖게 한다. 이것이 바로 엄마와 아이 간에 형성되는 최초의 애착이다. 무관심이 가장 좋지 않은 행동임을 명심해야 한다.

하지만 초보 엄마라도 걱정할 필요 없다. 즉각적이고 적절한 반응으로 엄마와 아이 간의 상호작용을 일으켜야 하지만, 아이가 울기 시작하자마자 몇 초 안에 반응해야 한다는 건 아니다. 대신 어느 정도의 시간 안에 안정적이고 일관되게 나타나야 한다. 돌보는 방식이 오랜 기간 안정적이고 일관됐다면 가끔 즉각적으로 아이에게 다가가지 못했다고 해서 나쁜 영향을 미치진 않는다.

아이의 인생이 시작되고 처음 6개월까지 아이의 울음소리에 부모가 즉각적으로 반응하고 아이에게 무엇이 필요한지 곰곰이 생각해보고 적절하게 충족시켜주었다면, 아이는 이제 큰 소리로 울어 부모를 부를 필요가 없다는 사실을 깨닫게 된다. 이는 다른 교류 방식의 발달을 촉진하며 인간관계를 쌓을 때 기초적인 스킬이 된다.

'껌딱지'를 해결하려면

생후 6개월부터 아이는 주변 사물에 깊은 호기심을 보이기 시작한다. 손과 눈의 협응력과 언어를 이해하는 능력도 발달한다. 이 시기의 아이는 수단과 목적의 관계를 점차 이해하기 시작한다. 다시 말해, 인생의 두 번째 6개월에 들어서는 아이는 울음소리로 부모를 부르는 능력을 터득하게 된다.

이때 아이가 부르기 전에 자발적으로 함께 놀아주는 것이 중요하다. 아이와 흥미로운 놀이를 하며 교류하고 호기심을 채워주면서 항상 재미있는 일을 할 수 있게 해준다면 심심하다고 느끼지 않을 것이다. 또한 정상적인 정서를 기를 수 있기에 온종일 안아달라고 하거나 울음으로 엄마의 주의를 끌려고 하지도 않을 것이다. 또한 부모와 함께 놀면 자신이 어떻게 놀아야 하는지도 점차 배우게 된다. 그렇게 만 1세가 되면 온종일 함께 있어 달라고 하지 않는다.

어떤 엄마는 아이가 온종일 붙어 한시도 떨어져 있지 않고, 잠시라도 떼어놓으려고 하면 대성통곡을 한다고 하소연한다. 이는 정상적인 현상으로 최대한 아이를 이해해줘야 하며 많은 인내심이 필요하다. 애착을 형성하는 단계에 대해 앞서 설명했듯이 대부분의 아이가 생후 6개월에서 만 2세까지 분리불안 증세가 최고조에 달하기 때문에 그렇다.

아이의 독립심이 부족해질 것을 염려하여 일부러 혼자 놀게 한다는 엄마도 있다. 하지만 그럴수록 아이는 점점 더 엄마에게서 떨어지지 않는다. 아이 입장에서는 자신에게는 엄마가 필요한데 엄마가 자신을 밀쳐내는 셈이기 때문이다. 아이에게는 엄마의 관심, 엄마가 자신을 사랑한다는 확신이 필요하다. 그러므로 아이를 혼자 놀게 하는 것은 오히려 아이의 안정애착 형성을 방해해 안정감이 결핍될 수 있다.

둘째가 미숙아로 태어났다. 병원 신생아실에서 아이를 데려온 이후 나는 아이와 한시도 떨어져본 적이 없다. 아이 아빠가 출근하고 첫째가 유치원에 가면 집에는 우리 둘이 남았다. 나는 화장실에 갈 때도 문을 열어두었다. 아이가 나를 찾기 전에 먼저 다가가 놀아주고, 아이의 정서상 필요한 것들을 모두 들어주면서 엄마가 자신에게 관심을 가지고 있다는 사실을 깨닫게 해주었다. 하지만 집안일도 해야 하니 항상 붙어 있을 수는 없었다. 내가 밥을 하거나 재료를 다듬을 때는 아이를 부엌에서 놀게 했다. 우리 집 주방은 개방형이어서 아이가 나를 볼 수 있고 소리를 내서 나를 부를 수도 있었다. 때때로 타이머를 맞춰놓고 아이에게 이렇게 말했다. "1분이 지나면 여기서 소리가 날 거야. 그러면 엄마가 올 거야." 1분이 지나면 나는 정확히 아이 앞에 나타났다. 이렇게 하면 아이는 1분 동안 혼자 놀 수 있다. 시간이 지나자 타이머를 2분으로 맞춰놓았다. 그리고 타이머가 울리면 아이 앞에 반드시 나타났다. 이런 일을 반복하면 아이는 엄마가 말한 것은 반드시 지킨다는 것을 알게 되고, 혼자서도 안심하고 놀 수 있다. 그렇게 차츰 혼자서 놀 수 있는 시간도 길어진다.

한 엄마가 나에게 이런 고민을 이야기했다. 그녀가 느끼기에 아이와의 애착 관계가 잘못 형성된 것 같다는 것이다. 하루는 자신이 저녁을 준비하는 동안 아이 외삼촌이 함께 놀아주기로 했다. 하지만 얼마 안 가 아이가 부엌으로 와서 안아달라고 했다는 것이다. 그녀는 지금은 안 된다면서 주방 문을 닫았다. 아이는 큰 소리로 울기 시작했고 그녀는 아이가 배가 고프다고 생각해 식사 준비를 서둘렀다. 밥이 좀 식을 동안 기다리면서 아이를 안고 그림책을 읽어주자 진정하더라는 것이다.

이 엄마는 문을 닫으면서 오히려 아이를 더욱 불안하게 했고, 아이가 크게 울자 배가 고프다고 착각했다. 엄마와 아이의 상호작용은 어떤 패턴을 형성한다. 만약 엄마가 아이를 항상 이런 방식으로 대한다면 아이는 갈

수록 더 떨어지지 않으려 할 것이다. 이 상호작용의 방법은 그다지 바람직하지 못하다.

그 엄마에게 이렇게 이야기해주었다. 아이는 정상적인 분리불안 증세를 보이는 것이니, 그런 상황이 또 오면 아이를 안아주고 주방 문을 열어놓으라고. 그렇게 해서 아이가 좀 진정되거든 얼마 동안(예를 들어, '저 벽시계의 긴 시곗바늘이 여기까지 오면'이라는 식으로 아이가 이해할 수 있도록 구체적으로 말한다) 놀고 나면 엄마가 다시 와서 안아준다고 말하면 된다. 아이가 엄마와 떨어지는 것에 차츰 적응할 수 있도록 해줘야 한다.

아이가 필요를 느낄 때 즉시 나타나야 엄마가 자리를 비우더라도 아이는 안심할 수 있다. 그런 다음에야 세계를 탐색하고 싶어 하고 도전에 나설 마음을 먹는다. 우리 집 둘째도 내게서 좀체 떨어지지 않았다. 하지만 나는 아이가 안정감이 결핍됐나 하고 의심한 적은 없다. 둘째가 여섯 살이 됐을 때, 내가 출장에서 돌아오자 아이가 나를 꼭 안아주었다. 나도 마주 껴안으며 "엄마 보고 싶었니?"라고 물었다. 둘째는 "조금요. 울 정도는 아니었어요. 엄마가 꼭 돌아올 줄 알았거든요"라고 대답했다. 자녀가 껌딱지라면 차츰 안정적인 애착 관계를 형성해 아이가 독립심을 기를 수 있도록 도와주길 바란다.

엄마의 긍정적인 말과 표현이 중요한 이유

엄마가 안정적이고 긍정적인 정서로 아이의 변화와 성장을 대하면 아이는 안정애착을 형성할 수 있다. 특히 생후 6개월부터 아이의 정서 발달은 매우 급격해진다. 앞서 말한 기쁨, 화남, 슬픔, 두려움이라는 네 가지 기본 정서에 국한되지 않고 종류도 다양해지고 정도도 강해진다.

우선 엄마로부터 받는 정서의 영향이 변한다. 이전까지 아이는 항상 엄마의 긍정적인 정서를 느꼈다. "아유 착한 우리 아기, 귀엽기도 하지!" 이 시기 엄마의 표정과 언어는 긍정적인 면이 대부분을 차지한다. 하지만 아이가 기기 시작하면서 상황은 달라진다. 엄마는 때때로 화를 내며 말한다. "거기 올라가면 안 돼!", "커튼을 잡아당기면 어떡하니. 왜 이렇게 말썽을 피워!" 이처럼 부정적인 정서를 접하면서 아이는 점차 복잡한 정서를 인지하게 된다. '엄마는 이것을 못 하게 해!', '병뚜껑을 열고 싶은데 열리지 않네!' 등 아이 스스로도 다양한 정서를 체험한다. 이러한 과정에서 화남과 좌절감을 체험하기 시작한다.

동시에 정서의 강도에서도 변화가 생긴다. 생후 8개월이 되면 아이는 수단과 목적의 관계를 이해할 수 있다. 이는 인지 발달의 중요한 변화다. 생후 4개월 된 아이가 흥미로운 장난감을 발견했는데 손에 닿지 않는다고 하자. 이 장난감에 끈을 묶어놓고 끈을 아이 앞에 놓더라도 아이는 이 끈을 잡아당기면 장난감을 가질 수 있다는 사실을 인식하지 못한다. 하지만 생후 8개월이 되면 아이는 가볍게 끈을 잡아당겨 장난감을 손에 넣는다. 자신의 노력으로 목표를 실현할 수 있게 되는 것이다. 이 기쁨은 엄마가 장난감을 가져다줄 때보다 훨씬 크다. 동시에 '장난감을 가지려면 반드시 장애물을 넘어야 해' 하는 식으로 생각하게 된다. 어떤 일을 하면서 어려움을 극복하고 성공을 거두면 성취감이 배가되는 체험을 하고, 성공하지 못할 경우 실패감 역시 커진다는 것을 느끼게 된다.

이것이 바로 정서 발달 과정이며 지극히 정상적인 과정이다. 우리는 아이가 긍정적 정서와 부정적 정서를 순탄하게 표현하길 바란다. 하지만 아이가 자신의 정서를 표현하는 방법을 배우려면 긴 발달 단계를 거쳐야 한다. 그래서 아이가 어릴수록 엄마에겐 인내심이 필요하다. 긍정적인 정서를 자주 접하고 지지와 사랑을 많이 받은 아이는 항상 즐거운 마음을 유지하고, 울며 떼쓰는 일이 적다. 이는 아이가 정서를 인지하고 발달시키고 조절하는 데 도움이 된다.

아이가 마음껏 탐색할 수 있는 환경을 만들어주자

아이가 생후 6개월이 지나면 활동이 많아지고 호기심이 발동해 여기저기 탐색하기 시작한다. 그러면 부모는 아이의 성장에 안정적이고 안전한 환경을 제공하기 위해 가구 배치를 바꾸는 등 위험 요소를 사전에 차단해야 한다.

아이에게 위험한 물건, 화장실의 세제나 주방의 예리한 칼 등은 모두 치워야 한다. 아이가 커튼을 잡아당겨 커튼 봉이 아이 머리 위로 떨어지길 바라는 부모는 없을 것이다. 하지만 커튼을 없애고 싶지도 않다면 어떻게 해야 할까? 아이 손에 닿지 않도록 커튼을 양쪽 끝으로 모아 높이 묶어두면 된다. 이렇게 하면 아이가 커튼 근처에 가지 못하도록 항상 막을 필요도 없어진다. 아이가 서랍장에 관심을 보여 수시로 여닫는다면 약품 서랍은 문고리를 걸어두고 아이가 헤집어도 되는 다른 서랍은 열어둔다. 이렇게 하면 아이를 저지하는 일이 줄어든다.

이것도 못 하게 하고 저것도 못 하게 하면 아이는 엄마로부터 부정적인 정서를 많이 받게 된다. 또한 스스로도 부정적인 정서가 생겨 호기심과 탐색 욕구가 줄어든다. 그러므로 안전을 보장하는 선에서 아이의 적극적인 탐색은 최대한 격려해주고, 엄마가 못 하게 막아서 발생하는 '저항'의 떼쓰기는 최소화해야 한다. 아이가 만지면 안 되는 물건이 있다면 아이가 이해할 수 있도록 간결하게 말하거나 주의를 전환하는 방법을 사용해도 좋다. 엄마와 아이의 정서를 안정적으로 유지하고 화목한 집안 분위기를 조성하는 것도 도움이 된다.

엄마는 아이가 어떤 장난감을 좋아하는지, 어떤 일을 가장 좋아하는지 알아야 한다. 큰아이가 막 돌이 지났을 무렵으로 기억한다. 무엇 때문인지 모르지만 아이는 책상 밑으로 들어가 꼬무락거리는 걸 좋아했다. 거기에는 데스크톱 컴퓨터와 모니터 등의 전선이 상당히 복잡하게 얽혀 있어 나로서는 추천하고픈 탐색지가 아니었다. 나는 아이가 엄마가 책을 읽어주는 것을 가장 좋아한다는 것도 알고 있었다. 그래서 아이가 책상 밑으로 들어가려고 할 때마다 아이가 가장 좋아하는 책을 집어 들고 큰 소리로 읽기 시작했다. 아이는 그 소리를 들으면 언제나 기어 나와 내 옆에 앉았다. 이처럼 주의를 돌리는 방법을 쓰면 억지로 못 하게 해야 하는 일도 줄고,

실랑이를 하다 떼쓰는 상황까지 발전하는 일도 피할 수 있다. 많은 엄마가 안전상의 이유로 아이를 부엌에 들어오지 못하게 한다. 하지만 앞서도 잠깐 말했듯이 우리 집 상황은 조금 다르다. 밥을 먹을 때도 나는 아이가 음식에서 피어나는 김을 관찰할 수 있게 했다. 그런 다음 아이의 손을 그 위에 살짝 올려 느낌을 알게 했다. 식사 준비를 할 때면 가끔 아이를 안고 냄비 속에서 끓어오르는 연기를 관찰하게 해주었다. 아이는 이것이 뜨겁다는 것을 곧 알게 된다. 이렇게 몇 차례 하고 나서 엄마가 음식을 준비하는 동안에는 부엌에 들어오지 말라고 말하자, 아이는 왜 그런지를 이해하고 따라주었다.

아이의 성장 초기를 함께 짚어보면서 안정감이 어떻게 형성되는지를 알았으니 이제 모든 문제를 '안정감'이라는 바구니에 던져 넣는 실수는 하지 않을 것이다. 안정감의 형성과 엄마와 아이의 상호작용 방식 간에는 매우 깊은 관계가 있다. 아이의 발달 규칙을 이해하고, 감정에 관심을 갖고 존중해주며, 필요에 즉각적이고 적절히 반응하면 아이에게 안정적이고 양호한 환경을 제공해줄 수 있다. 그러면 안정감이 결핍된 것은 아닌지 염려할 필요도 없어진다.

'우리 아이는 안정애착을 형성하지 못한 것 같은데, 어떡하지?'라며 지난 시간을 후회하는 엄마도 분명 있을 것이다. 하지만 그럴 필요 없다. 지금부터 아이를 사랑해주고 이해하면서 자신의 행동 방식을 고쳐 아이에게 안전한 울타리가 되도록 노력하면 된다.

이해받은 아이만이 안정감을 형성할 수 있다

아이와 엄마의 관계라 해도 결국 어른과 아이의 관계다. 아이는 정서의 인지, 표현, 제어 면에서 어른을 따라올 수 없다. 엄마들은 간혹 이렇게 말한다. "우리 아이는 걸 핏하면 울며 떼를 써요. 어떡하죠?" 아이가 우는 이유는 대부분 자신이 전달하고자 하는 바를 잘 표현하지 못해서 엄마가 제대로 알아주지 못했기 때문이다. 그러므로 엄마는 아이를 늘 관찰하면서 감정이 어떤 상태인지 이해해야 한다. 이해를 받은 아이만이 자신이 사랑받고 있음을 느낄 수 있고, 안정애착을 발달시킬 수 있다.

다음은 실제 있었던 사례로 아이의 공포심, 지나친 걱정, 유치원 적응기 등이다. 엄마들을 위한 실전팁이 담겨 있으니, 읽고 난 후 바로 행동으로 옮겨보자!

엄마의 경험을 곁들여 공감을 표현한다

아이가 어두운 것을 무서워해서 혼자 자지 못하자 안정감 결핍이 아닐까 하고 걱정하는 엄마가 있었다. 하지만 이 점만으로 반드시 안정감 결핍이라고 말하기는 어렵다. 안정감이 충족된 아이라 하더라도 어둠을 무서워할 수는 있다. 보통 아이들에 비해 어떤 아이들은 보다 예민하고 어떤 아이들은 보다 상상력이 풍부하다. 이런 아이들은 같은 월

령의 아이들에 비해 더 어둠을 무서워하거나 괴물을 무서워하기도 한다. 그래서 밤에 혼자 자려 하지 않기도 한다. 그러니 '안정감 결핍일까?' 하며 초조해할 필요가 없다. 성급하게 아이의 독립심을 키우려고 하지도 말아야 한다. "이 세상에 괴물 같은 건 존재하지 않아!"라고 말할 게 아니라 우선 아이의 감정에 관심을 갖고 이야기를 많이 나눠주고 많이 안아줘야 한다. 엄마로부터 충분한 이해를 받은 아이는 이 성장 단계를 더 쉽게 지나간다. 한 번에 해결할 수 있는 방법 같은 것은 없다. 엄마의 세심한 관찰이 필요하고, 관찰한 바에 따라 아이에 맞춰서 구체적으로 해결해야 한다.

우리 집 두 아이도 대여섯 살이 됐을 때 밤에 악몽을 꾸어서 잠자기 무섭다고 하곤 했다. 나는 "그렇구나. 엄마도 너만 할 때 자주 악몽을 꿨어"라고 대꾸하며 아이가 악몽을 꾼다는 사실을 이해해주고, 자신에게만 일어나는 특별한 일이 아니란 것을 일깨워주었다. 그러고는 서로 자신이 꾼 악몽을 이야기했고, 나는 안도의 숨을 내쉬며 땀을 닦는 척했다. "꿈이라서 얼마나 다행이니?" 하면서.

하지만 두 아이에게 필요한 것이 서로 달랐기 때문에 각각에 맞는 처방을 내려야 했다. 큰아이 때는 이야기를 들려주고 부드러운 헝겊 인형을 안겨준 다음 아이가 잠들 때까지 토닥여주면 됐다. 둘째도 비슷했지만 헝겊 인형은 좋아하지 않았다. 대신 둘째는 자다가 깨는 날이면 항상 안방으로 달려왔다. 나는 아이를 거부해본 적이 없다. 아이가 몰래 안방 침대로 들어올 수 있게 일부러 안방 문을 잠그지 않았다. 엄마와 아빠 옆에서 아이는 안심하고 잠들었다. 몇 개월이 지났을 때, 문득 둘째가 자다 깨서 안방으로 오는 일이 없어졌다는 사실을 깨달았다. 이것은 그저 성장하는 단계일 뿐, 아무런 문제도 아니다. 부모가 인내심을 가지고 아이의 감정상 필요를 최대한 충족시켜주면 된다.

이해하면 불안감이 줄어든다

아이가 재난 영화나 과학책을 보고 나서 '지진이 나면 어떡하지? 쓰나미가 오면 어떡하지?' 하며 지구상에는 위험한 곳이 너무 많다며 불안해한다고 말하는 엄마가 있었다. 이런 것도 안정감 결핍일까? 친구의 아들은 우주 관련 과학책을 보고 심지어 태양계의 멸망을 걱정하더라고 했다.

안정감은 엄마와 아이의 애착에서 시작된다. 엄마와 안정애착을 형성한 아이는 안정감을 갖는다. 하지만 이것이 아이가 아무것도 두려워하지 않는다는 것을 의미하지는 않는다. 사실 성인들도 미지의 사물에 대해 공포심을 느낀다. 성장하는 과정에서 아이들은 새로운 사물을 많이 경험하며, 만나게 되는 미지의 사물 역시 많아진다. 그러면서 사고를 시작한다. 이것은 결코 나쁜 일이 아니며 안정감이 결핍됐다는 것을 의미하지도 않는다. 아이들이 걱정과 두려움에 빠지는 것은 대상에 대한 이해가 부족해서일 뿐이다. 그러므로 아이가 이런 걱정을 하면 아이의 감정을 이해해줘야 한다. 아무 일도 아니라는 듯 "걱정할 것 없어. 우리가 있는 곳은 지진이 발생한 적이 없어"라고 말하거나 어이없다는 듯 웃으며 "태양계가 멸망한다고? 그런 바보같은 생각 좀 하지 마!"라고 말하지 말아야 한다. 아이들이 이러한 의문을 가지면 탐구심을 저지하지 말고, 오히려 책이나 자료를 함께 찾아보면서 공부하고 토론해보는 것이 도움이 된다. 이해가 깊어지면 안정감도 반드시 강해진다.

유치원 분리불안은 안정감 결핍이 아니다

아이가 유치원에 갈 때마다 울면 엄마는 걱정하기 마련이다. 아이의 안정감에 문제가 있는지, 유치원에서 온종일 힘들어하는 것은 아닌지. 이러한 초조함과 우려는 무의식중에 아이에게 전달돼 아이를 더욱 불안하게 하고 적응하기 어렵게 한다. 부모가 해줄 수 있는 것은 아이의 감정을 이해해주며 적응기를 함께 보내는 것이다.

큰아이가 유치원에 갈 때 나는 이렇게 말해주었다. "엄마가 보고 싶은 건 당연한 거야. 네가 엄마를 생각할 때 엄마도 너를 생각하고 있을게." 이것은 나와 아이 간 일종의 약속으로 엄마가 없을 때나 혹은 낯선 환경에 있을 때 지속적으로 안정감을 유지할 수 있게 해주었다. 작은아이가 유치원에 갈 때 나는 아이의 손에 뽀뽀를 해주고 나서 가슴에도 뽀뽀를 해주었다. 그리고 "엄마가 보고 싶으면 가슴 단추를 눌러. 그러면 엄마도 반드시 너를 생각할 테니까." 그 말에 아이는 안심하고 뛰어갔다.

미국 대부분의 유치원은 입학 초기에는 아이가 좋아하는 물건을 가지고 등원할 수 있게 해준다. 큰아이는 헝겊 인형을 항상 가지고 다녔고 이 인형이 아이에게 안정감을 주었다. 작은아이는 자동차를 특히 좋아했다. 같이 놀던 친구들도 모두 그 사실을 알고 있어서 아이가 힘들어할 때면 유치원에 있는 모든 자동차를 아이 앞에 가져다주곤 했다. 유치원도 적응이 필요하다. 성급히 안정감 결핍을 우려할 필요가 없다. 다만 개별적인 차이가 크기 때문에 어떤 아이는 빨리 적응하고 어떤 아이는 오래 걸릴 뿐, 누구나 겪는 과정이다. 아이의 감정에 주목하면서 인내심을 가지고 적응기를 함께 보내면, 이 과정은 지속적인 안정감을 형성하는 데 오히려 도움을 준다.

제2장

조기교육 정말 필요할까?

결론부터 말하자면 조기교육은 필요하다. 하지만 많을수록, 이를수록 좋은 것은 아니다. 생활 자체가 곧 조기교육이다. 부모와 가정이 바로 조기교육의 주요 동력인 셈이다. 애정을 가득 담아 아이를 보살피면 아이의 신체와 지능, 사회화 정서 등을 고르게 발달시킬 수 있다. 장기적으로 보면 이보다 더 좋은 조기교육은 없다. 이 점만 잊지 않는다면 길을 잃고 방황하는 일은 없을 것이다.

만 1~2세의 자녀를 둔 많은 부모가 아이를 조기교육 기관에 보내야 하는지, 그리고 어떤 곳이 좋은 조기교육 기관인지 묻곤 한다. '조기교육'이라고 하면 대부분의 부모는 즉시 '조기교육 기관'을 떠올린다. 마치 조기교육이 그런 기관에서만 가능하다고 생각하는 듯하다. 사실 조기교육은 학습 등 특정 분야에만 한정되지 않는다. 생활 자체가 교육이라고 할 수 있다. 아이가 태어나서 받는 모든 정보가 조기교육의 일부다. 다시 말해 부모의 말과 행동, 가정환경, 이웃과의 관계가 모두 아이의 발달에 영향을 미친다.

어떤 부모는 조기교육 기관에 아이를 보냈는데 그곳에서 아이의 활동이 만족스럽지 못하다는 이유로 아이의 능력이나 발달을 의심하기도 한다. 한 엄마는 아이가 기관에서 수업을 받는데 몇 분도 지나지 않아 돌아다니려 하고, 선생님에게 주의가 산만하고 규칙을 지키지 않는다는 지적을 받았다며 걱정이 이만저만이 아니었다. 그녀는 매우 조바심을 내며 어떻게 하면 더 오래 집중하도록 할 수 있는지 내게 물었다.

사실 만 1~2세의 아이는 오랫동안 집중할 수 없다. 또 오랫동안 단체활동을 할 수도 없다. 이것은 지극히 정상적인 현상이다. 이 시기의 아이들은 관심이 가는 사물을 자신의 감각기관을 동원해 탐색하고 싶어 한다. 만약 부모가 이를 이해하지 못하면 선생님의 일부 부정적인 평가에 실망하게 되고, 이는 아이를 굉장히 초조하게 만들 수 있다. 심지어 어떤 부모는 아이에게 실망한 나머지 매우 노골적으로 부정적 정서를 드러내기도 한다. 부모의 이런 부정적 정서는 아이의 학습에 영향을 미친다. 이러한 상황이 반복되면 아이는 흥미를 잃고 학습을 권태롭게 느끼며 심지어 반감을 보이기도 한다.

조기교육 기관이 뜻대로 찾아지지 않거나 조기교육을 오해하는 부모들은 또 다른 극단으로 치닫기도 한다. 즉 아이의 교육에 손을 떼고 상관하지 않는 '방목 육아'를 맹신하는 것이다. 그렇게 하면 아이가 초등학교에 입학한 후 여러 가지 문제에 맞닥뜨리게 된다. 어떤 엄마는 줄곧 즐거운 교육을 추구해왔기 때문에 아이에게 아무것도 가르쳐주지 않았다. 그런데 초등학교에 입학하자 아이가 수업을 따라가지 못해 매일 선생님께 꾸지람을 듣는다는 것이다. 그런 아이를 붙잡고 가르쳐보려다 답답한 마음에 아이에게 소리를 지르게 된다고 했다. 이러한 상황이 바로 방목 육아의 결과다.

조기교육이랍시고 반드시 '일찍 교육을 시작'해야 하는 것은 아니지만, 그렇다고 부모가 아무것도 하지 말고 놔두라는 얘기는 아니다. 이는 아이를 '야생에서 자라게 하는 것'과 마찬가지다. 부모는 우선 조기교육이 무엇인지, 왜 조기교육을 해야 하는지, 조기교육을 반드시 해야 하는 아이의 성장 규율은 무엇인지 분명히 알아야 한다. 그러고 나서 어떤 것이 좋은 조기교육인가라는 문제를 해결해야 한다.

대뇌는 한번 배우면
까먹지 않는다

아이의 뇌는 출생 직후부터 급속도로 발달한다

조기교육이란 무엇일까? 조기교육은 영유아에게 여러 가지 환경을 제공해주면서 생리적·인지적 사회화, 정서상의 전반적인 발달을 촉진하는 것을 말한다.

그렇다면 조기교육이 왜 중요할까? 영유아 시기에는 대뇌의 발달이 급속도로 진행되는 데다 대뇌가 가소성(어떤 힘을 받아 형태가 바뀐 후 그 힘이 없어져도 본래 상태로 돌아가지 않는 성질—옮긴이)이 매우 높기 때문이다. 대뇌는 인간 발달의 총지휘기관이다. 대뇌에서 분비되는 각종 호르몬의 조절 활동으로 생리적 발육이 이뤄지며, 지능도 대뇌의 효과적이고 신속한 정보 처리에 의해 발달한다. 인간의 상호작용 역시 대뇌를 통해 다른 사람의 의도와 정서를 판단하여 자신의 감정을 처리하고 표현하는 과정이라고 말할 수 있다.

뇌과학 연구 결과 영유아의 대뇌 발육은 태어난 이후 3년 동안 매우 빠른 속도로 진행된다는 사실이 밝혀졌다. 대뇌의 기본 단위는 신경세포인데, 신경세포들 사이의 간격을 시냅스synapse라고 한다. 정보는 시냅스를 통해 하나의 신경세포에서 다른 신경세포로 전달된다. 막 출생했을 때 하나의 작은 수신기였던 영아는 점차 보고, 듣고, 맛보고, 만져보면서 외부 세계로부터 많은 정보를 받아들인다. 그렇게 만 2~3세가 되면 대뇌의 시냅스 수는 성인의 두 배가 되며, 점점 증가하는 시냅스는 아이가 여러 능력을 발달시킬 수 있도록 해준다.

신경세포들 사이의 시냅스를 하나의 교통망이라고 생각해보자. 시냅스가 많을수록 신경세포와 신경세포 간의 '길'이 많아지는 것이다. 신경세포가 이 길을 달리는 자동차라고 가정할 때, 그들의 임무는 정보를 목적지에 정확하게 전달하는 것이다. 예를 들어 망막 신경세포는 정보를 대뇌의 시각 영역에 보내 처리하게 한다. 즉 시각 정보를 언어를 처리하는 구역으로 보내지는 않는다. 그렇다고 길이 많을수록 좋은 것만은 아니다. 길이 많으면 정보를 목적지로 정확하고 신속하게 전달하는 데 어려움이 생기기 때문이다.

영유아의 시냅스는 만 3~4세가 되면 최고치에 달한다. 그 후 생활 속 여러 경험을 통해 천천히 정비됨으로써 정보를 더 정확하고 효율적이면서 빠르게 전달한다. 아이가 눈으로 보고, 귀로 듣고, 코로 냄새 맡고, 손으로 만져본(만져진 것도 포함) 정보는 무궁무진하다. 이러한 정보는 계속 늘어나는데, 전체 '교통망'의 모든 '길'을 조정함으로써 더 신속하고 효과적으로 정보를 처리하게 된다.

대뇌라는 이 교통망은 한편으로는 빠른 길을 늘려가면서 한편으로는 불필요한 길을 잘라내 정보를 더욱 효과적으로 처리한다. 자주 사용하지 않거나 효율이 낮은 작은 길은 차츰 없애버린다. 유아기에 최고조에 달했던 시냅스의 수는 점차 40%가량이 줄어들어 성인과 비슷한 수준이 되며, 이들 시냅스는 강한 가소성을 가진다. 이로써 영유아가 출생 초기에 직면한 환경이 대뇌의 발육과 일생의 성장에 중대한 영향을 미친다는 것을 알 수 있다.

3,000만 아동의 인생을 바꾼 헤드스타트 프로그램

앞서 설명한 바와 같이 출생 초기 대뇌는 빠르게 발달한다. 또한 새로운 길을 효과적으로 건설하는 동시에 효율이 낮은 길은 없애버린다. 이러한 조정은 외부 환경의 변화 또는 사람의 생리나 행위의 변화에 의해 이뤄진다. 그러므로 영유아의 조기 발달에 좋은 환경을 마련해주는 것은 매우 중요하다.

미국의 한 연구기관은 저소득 가정의 유아가 여러 원인으로 성장 과정에서 적지 않은 장해를 받고 있다는 사실을 발견했다. 빈곤한 생활 때문에 영유아는 먹을 음식과 입을 옷이 부족하거나 가족 관계가 불안정하거나 부모와 충분한 상호작용을 할 수 없었다. 신체 조건이 양호하지 못한 것뿐만 아니라 입학 이후 학업에서 또래에 비해 뒤떨어지기도 하고 소통 능력이나 감정 조절 능력이 떨어졌다. 정리하면 다음과 같다.

- ★ 생활 자원이 부족해 늘 굶주리거나 책이 한 권도 없는 집도 있었다.
- ★ 가족 관계가 불안정해 돌봐주는 사람이 없거나 가족 간의 갈등에 노출됐다.
- ★ 부모와 함께 있는 시간이 적다. 한 조사에 따르면 저소득 가정은 취학 전 부모가 아이에게 책을 읽어준 시간이 평균 25시간도 되지 않는 것으로 나타났다. 이에 비해 중산층 가정에서는 1,000시간이 넘는다. 이는 저소득 가정의 아이가 초등학교 입학 후 학업이 계속 뒤처지는 원인이 됐다.
- ★ 경제적인 부담감 때문에 일부 가정의 부모는 아이들을 거칠게 대하거나 심지어 가정폭력을 행사하기도 했다.

그 외 여러 가지 이유로 저소득 가정 영유아는 각 방면의 발달이 지연됐다. 그래서 1965년부터 미국은 헤드스타트 프로그램Head Start Program을 시작했다. 저소득 가정의 만 0~5세 영유아에게 교육, 건강, 영양, 사회복지 등의 서비스를 제공해 가족 관계의 안정성을 높이고 신체 발달을 강화

하며 생활 환경을 개선하기 위해서다. 이를 통해 아이의 인지, 사회화, 정서 발달을 향상시켜 전면적인 입학 준비를 돕고자 했다. 헤드스타트는 현재까지 계속되고 있으며, 3,000만 명의 미국 아동이 이 프로그램의 도움을 받았다.

이 프로그램을 통해 도움을 받은 아동에 대해 20년간 추적조사를 한 결과 그 효과가 입학 당시에 그치지 않고 성년이 된 이후에까지 나타나는 것으로 밝혀졌다. 미국의 하이스코프 교육재단이 진행한 페리 프리스쿨 프로젝트Perry Preschool Project에 따르면, 이 프로그램의 도움을 받은 아동을 27세까지 추적조사한 결과 도움을 받지 못한 아동에 비해 고등학교 졸업률이 높고 소득이 많았으며 결혼율이 높았다. 그리고 교도소에 수감될 가능성은 작게 나타났다.

빈곤층 아동이나 발달이 지연된 아동도 도움을 받고 난 후에는 성장 과정에 커다란 변화가 나타났다. 이는 대뇌의 가소성과 깊은 관련이 있다. 외부의 지원으로 일정 기간 대뇌의 발달이 촉진된 후에는 지원이 중단된 후에도 그 발달 상태가 유지된 것이다. 바로 이러한 이유 때문에 미국은 헤드스타트를 계획했고 많은 아동을 도와 그들의 인생을 바꾸었다. 그러므로 조기교육이란 여러 조건을 제공해줌으로써 영유아가 대뇌 발달 초기에 긍정적이고 유익한 영향을 받을 수 있도록 하여 평생 가는 튼튼한 기초를 만들어주는 것이라고 할 수 있다.

그렇다면 조기교육이 어떤 방식으로 이뤄져야 아이의 대뇌에 풍부한 정보를 주고 효율적인 '교통망'을 건설할 수 있을까?

바람직한 조기교육이란?

영유아는 감각으로 세상을 익힌다

영유아는 각종 감각기관과 움직임을 통해 세상을 이해한다. 귀로 듣고, 눈으로 보고, 입으로 맛보거나 씹고, 손으로 만져보는 모든 행동이 아이가 세상을 탐색하는 방식이다. 아이의 촉각, 운동지각 등은 세상을 탐색하는 바탕이 된다.

많은 초보 엄마가 시각과 청각의 발달을 매우 중요하게 생각해 아이에게 음악을 들려주거나 그림을 보여준다. 그에 반해 아이의 촉각과 운동지각은 그다지 중요하지 않다고 생각하는 경향이 있다. 특히 할머니, 할아버지는 귀한 손주가 행여나 다칠까 봐 꼼짝도 못 하게 하거나, 아무것도 만지지 못하게 하며 어디를 가더라도 업고 간다. 하지만 이는 의도와 달리 아이의 발달 기회를 빼앗는 것이나 마찬가지다.

생후 6개월 이내의 영아에게 입, 혀, 손은 세상을 탐색하는 주요 도구다. 이 시기 아이들은 어떤 물건이든 입으로 가져가 빨곤 하는데, 이것이 그들의 방식이다. 생후 5~6개월이 되면 두 손으로 장난감 하나를 이리저리 돌려가며 살펴볼 수 있다. 아이가 기어 다니기 시작하면 더 큰 세상을 만나게 되고 더 많은 물건을 가지고 놀고 싶어 한다.

아이는 여러 가지 재질을 만져보면서 느낌이 다르다는 것을 발견한다. 네모 모양 블록과 원기둥 모양의 블록을 굴릴 때 구르는 방식이 다르다는 사실을 발견하기도 한다. 또는 원기둥 모양의 블록과 자동차 바퀴의 구르는 방식이 같다는 것을 발견할 수도 있다.

아이가 물건을 던지는 시기가 있다. 아이는 의자에 앉아서 장난감이나 숟가락을 바닥으로 떨어뜨린다. 엄마가 주워주면 또 떨어뜨린다. 엄마는 속이 부글부글 끓겠지만, 이것 역시 아이가 세상을 탐색하는 방식이다. 아이는 자신의 동작과 물체의 운동 간 관계, 그리고 물체에 대한 자신의 장악력을 발견하기 시작한다.

아이의 운동지각은 아이의 발달에 매우 중요하다. 여러 환경에서 활동할 때 아이는 자신의 몸을 움직였던 경험으로 적응한다. 이러한 과정을 통해 아이는 전략을 발견하고, 학습해서 결론을 내리고, 이후 비슷한 환경에 적용한다.

발달심리학자인 캐런 아돌프Karen Adolph는 걸음마를 막 배우기 시작한 아이를 대상으로 흥미로운 실험을 했다. 걸음마를 배우는 아이는 조건이 다른 길에서 자신의 목표를 실현할 수 있는 행동을 선택했다.

실험은 이렇게 진행됐다. 경사도를 조절할 수 있는 길을 설계하고, 그 길의 한쪽 끝에는 엄마가 서 있게 하거나 아이가 가장 좋아하는 장난감을 놓았다. 경사가 매우 완만할 때 아이는 직접 걸어가 좋아하는 장난감을 손에 넣었다. 자신의 동작 경험과 보행 경험에 따라 걸어가도 위험하지 않다는 것을 알고 있다는 뜻이다. 이번에는 경사도를 높였다. 그러자 아이는 걸어 내려가면 안전하지 않고 넘어질 수 있다는 것을 감지했다. 하지만 반대편에 엄마 또는 장난감이 있으니 그곳으로 가고 싶어 했다. 어떻게 할까? 대부분의 아이는 전략을 바꿔 바닥에 앉아 미끄러져 내려갔다. 경사도를 매우 가파르게 하자 바닥을 기어서 천천히 미끄러져 내려가는 아이도 있었다. 부모의 눈에는 별거 아니겠지만 사실 영유아는 이러한 활동과 체험을 통해 운동지각과 관찰력, 사고력, 적응력, 문제 해결 능력 등을 발달시킨다. 운동 중 정보를 종합하고 전략을 바꾸는 것은 아이의 운동 기능이 발달하는 데 유익하며 아이의 지능 발달과 사회화 발달에까지 영향을 미칠 수 있다. 모든 생활의 경험과 변화는 아이에게 학습의 과정이 되므로 생활 속에서 다양한 환경을 만들어주어 아이가 각종 감각기관을 균형 있게 발달시키며 성장하도록 할 필요가 있다. 이것 역시 조기교육의 중요한 목표다.

이를수록, 많을수록 좋은 것은 아니다

조기교육은 아이의 발달 특징에 맞춰서 진행해야 한다. 다시 말해 아이의 대뇌에 정보를 입력할 때 방식과 강도가 적당해야 한다는 뜻이다. 출생후 1~2개월의 영아는 대비가 분명한 그림을 좋아한다. 가장 좋은 것은 흑백 그림이다. 생후 6개월은 돼야 성인과 비슷한 수준으로 색깔을 인지할수 있다. 그러므로 아이에게 시각 훈련을 시키고 싶다면 아이의 시각 발달 단계에 부합하는 자료를 사용해야 한다. 태어난 지 1~2개월밖에 안 된아이에게 플래시 카드를 보여주는 엄마를 본 적이 있다. 색색의 그림을 몇초마다 한 장씩 보여주고 있었다. 하지만 아이는 아직 이러한 자극을 받아들일 준비가 돼 있지 않다. 단계에 맞지 않게 정보 입력이 너무 많고 **빠른**

것은 백해무익할 뿐이다.

만 0~3세에 아이는 부모 또는 조부모와의 상호작용을 통해 각종 정보를 입력하게 된다. 이러한 상호작용 역시 아이가 시간과 공간적 여유를 확보할 수 있도록 적절하게 진행해야 한다. '양과 질이 모두 중요하다'는 얘기를 흔히 하는데, 이는 한시도 쉬지 않고 아이를 어르고 놀아주고 달래줘야 한다는 뜻이 아니다. 어떤 어른들, 특히 아이를 너무나 사랑하는 어른들은 아이에게 끊임없이 말을 걸고 웃거나 이것저것 장난감을 바꾸어가며 놀아주곤 한다. 우리는 이러한 모습을 상호작용이라고 말하지 않는다. 왜냐하면 아이의 리듬은 상관하지 않은 채 어른이 주도해서 제안하고 아이는 수용만 하기 때문이다. 또한 아이는 집중할 수 있는 시간이 매우 짧다. 어른이 쉬지 않고 말하고 웃으면, 아이가 안정적으로 관찰하고 스스로 움직여보고 체험할 수 있는 시간은 상대적으로 줄어들게 된다. 그러면 아이는 너무나 많은 정보 속에서 길을 잃고 만다. 결국 영아는 과도한 횟수와 강도의 상호작용을 수용할 수 없어서 머리를 돌리거나 눈을 감아 자신을 보호하기도 한다.

어떤 부모는 아이가 계속해서 무언가를 배우게 할 생각으로 카드를 보여주며 글자를 알려주거나 수를 헤아리기도 한다. 겨우 두 살인 아이를 미술학원에 보내야 할지 묻는 쪽지를 받은 적이 있다. 만 2세는 우선 미세 동작을 통해 여러 사물을 조작하는 경험을 해야지 그림을 그릴 단계가 아니다. 유아가 많은 양의 연습을 하더라도 일부 기능의 발달을 촉진할 수는 있지만 감정의 발달까지 촉진할 수는 없다. 감정 발달은 대뇌의 감정 담당

영역인 변연계limbic system의 발달 속도에 따라 결정되기 때문이다.

호주 선샤인코스트대학교의 마이클 나겔Michael Nagel 박사는 아이의 감정 조절 능력과 스트레스 조절 능력에는 한계가 있기 때문에 너무 어릴 때부터 많은 학습을 시키거나 목적성을 지나치게 강조하면 아이의 자아인지와 자아평가를 훼손할 수 있다고 지적했다. 자아인지와 자아평가는 학습에 대한 흥미와 동기, 미래 장기적인 발달에 매우 중요하다. 부모는 작은 것을 얻으려다 큰 것을 잃는 실수를 해서는 안 될 것이다.

아이의 학습 창learning window은 흔히 생각하는 것보다 길며, 여러 가지 가능성이 있는 발달 시기로 이뤄져 있다. 학습을 일찍 시작할수록 어떤 능력이 더 좋아진다거나 유아가 반드시 장기간 많은 정보와 과도한 자극hyper-stimulated이 주어지는 환경 속에 있어야 한다는 근거는 아직 없다. 부모는 아이의 능력 개발에만 관심을 쏟을 게 아니라 건강한 신체 발달에도 관심을 가져야 한다. 아이에게 애정을 표현하고 안정적인 환경을 만들어주며 아이의 감정과 사회성 발달에도 관심을 기울이자.

멍 때리는 아이가 더 행복하다

과학자들은 실험을 통해 자연적인 환경이 인위적으로 만든 환경보다 살기 좋다는 사실을 발견했다. 과도한 입력은 신경의 정체 현상을 초래해 오히려 대뇌가 효율적으로 일하는 것을 방해하기 때문이다.

심리학자인 도널드 헵Donald Hebb 교수는 실험용 쥐를 집에 데려가 아이들에게 애완동물로 기르도록 했다. 그 쥐는 방 전체를 돌아다니며 자유롭게 활동했다. 한번은 그 쥐를 실험실로 다시 데려와 미로를 탐색하도록 했다. 그 결과 집에서 키운 쥐가 실험실에서 키운 쥐보다 시행착오를 덜 겪으며 더 빨리 미로에서 빠져나갔다. 실험실 환경보다 더 풍부한 집 안의 환경이 쥐의 대뇌 발달을 촉진한 것이다.

행동신경학자인 윌리엄 그리노William Greenough 박사는 환경이 실험용 쥐에 미치는 영향을 연구하기 위해서 쥐를 3개의 그룹으로 나누어 서로 다른 환경에서 생활하도록 했다. 첫 번째 그룹은 작은 우리에 넣었다. 이곳에서 서로 간의 교류는 전혀 없었다. 두 번째 그룹은 더 큰 우리에 넣고 다른 쥐들과 함께 생활하도록 했다. 세 번째 그룹은 정보의 입력이 많은 환경, 마치 디즈니랜드처럼 미끄럼틀과 바퀴 등이 있는 곳에서 여러 마리의 쥐가 함께 생활하도록 했다. 결과는 당연히 '디즈니랜드'에서 생활한 그룹이 가장 빨리, 효율적으로 미로를 통과했다.

이번에는 자연환경에서 생활한 쥐와 실험실에서 생활한 세 그룹의 쥐를 비교했다. 그 결과 자연환경에서 생활한 쥐의 대뇌 발육이 다른 세 그룹보다 훌륭하다는 사실을 발견했다. 이는 쥐가 자연환경 속에서 여러 체험, 즉 작은 동물이나 곤충과 마주치는 등의 경험을 할 수 있었기 때문이라고 추측했다. 그러므로 자연환경이 실험실의 우리 안에 만든 디즈니랜드보다 쥐의 대뇌 발육에 더 이롭다고 말할 수 있다.

이를 통해 많은 과학자는 영아에게도 자연의 환경이 인공적으로 만든 풍부한 환경보다 대뇌의 건강한 발육에 더 도움이 된다고 생각했다. 또한 영유아의 조기교육에 더욱 신중해야 하며, 너무 많은 정보가 입력되면 오히려 해가 될 수 있다고 판단했다.

하버드대학교 버턴 화이트Burton White 박사는 하버드유치원에서 13년 동안이나 한 가지 프로젝트를 진행했다. 그 결과, 우수하고 행복한 아이들은 대부분의 시간을 자신이 하고 싶은 일을 하면서 보낸다는 사실을 알게 됐다. 그렇게 시간을 보내는 아이들은 언뜻 매우 한가로워 보이거나 심지어 아무것도 하지 않는 것처럼 보이기도 했다. 하지만 이처럼 한가로운 시간이 무의식중에 아이의 발달을 촉진한다는 것이다.

질 스탬Jill Stamm은 대뇌 발달을 연구하는 심리학자다. 그녀는 오늘날 빠른 삶의 리듬과 놀이형 완구들 때문에 부모가 매 순간 아이를 '양육하고 가르쳐야 한다'는 오해를 한다고 말했다. 이런 부모는 아이가 아무것도 하지 않는 것을 보거나 '마음대로 노는' 모습을 보면 시간을 낭비한다고 생각한다.

하지만 사실 대뇌에는 휴식이 필요하다. 정보를 소화하고 길을 만들 시간이 필요한 것이다. 대뇌가 어떤 임무를 완수하기 위해서 많은 노력을 기울인다면 다른 임무를 위한 노력은 상대적으로 줄어든다. 일정 시간 동안 일정한 정보량만을 처리할 수 있기 때문이다. 그러므로 아이가 적당히 쉬면서 멍하게 있거나 부모가 보기에 아무 의미 없어 보이는 일을 하더라도, 그것이 여러 정보를 통합하고 이해하는 데 더 유리하다는 점을 이해해야 한다. 특히 요즘에는 아이의 창의력을 키워야 한다는 말을 많이 하는데, 창의력은 대뇌로 얼마나 많은 정보를 집어넣느냐로 만들어지는 것이 아니라 대뇌가 이미 받아들인 정보를 어떻게 이용하느냐에 달려 있다.

이상의 실험과 연구에서 나온 결론을 참고하면 '어떻게 조기교육을 해야 아이의 대뇌가 정보를 더 풍부하게 받아들이고 효율적으로 통합할 수 있을까?'에 충분히 답할 수 있을 것이다.

핵심은 균형이다

시대의 흐름이 워낙 빠르다 보니 자칫 길을 잃기 쉽다. 특히 자녀 양육 문제에서는 더욱 그렇다. 하지만 조기교육의 목표가 '균형 발달'이라는 사실만 기억한다면 좀더 침착해질 수 있을 것이다.

앞서 언급했던 하버드대학교 버턴 화이트 박사가 하버드유치원에서 연구한 프로젝트는 '조기교육이 아이를 더 똑똑하게 만들고 더 성공적인 미래를 보장하는가?'라는 문제를 분명히 밝히기 위한 것이었다. 화이트 박사는 유치원에서 발달이 특히 우월한 아동을 연구 대상으로 삼았다. 그가 관심을 둔 것은 아이의 균형 발달이기 때문에 지능이나 예술적 표현력은 뛰어나지만 인간관계 면에서 극명한 어려움을 겪거나 특히 취약한 분야가 있는 아동은 제외했다.

조기교육 기관은 아이들이 비교적 쉽게 해낼 수 있어서 얼핏 똑똑하게 보이는 일들을 적극적으로 교육하며, 그 덕분에 이 면에서는 확실히 '조숙'한 결과를 보였다. 하지만 친구와 적당히 교류하면서 자신의 요구를 표현한다든지 다른 사람과 협력한다든지 하는 사교적 능력에 대해서는 전혀 관심을 갖지 않았다. 또한 자신의 감정을 이해했는지, 타인의 감정을 판단했는지, 감정에 따라 적절히 반응했는지 등 정서적 발달에도 전혀 신경

쓰지 않았다. 이러한 조기교육 기관에서는 우리가 말하는 조기교육의 핵심인 '균형 발달'을 실현하기 어렵다. 강화 훈련은 언뜻 초기에 일부 '기능'을 익힐 수 있도록 해주는 것처럼 보인다. 하지만 아동의 장기적인 발달에 부작용은 없는지, 어떤 대가를 치러야 하는 것은 아닌지 고민해볼 필요가 있다.

텔플대학교 아동발달심리학자 캐시 허시 파섹Kathy Hirsh-Pasek 박사 연구팀의 연구는 유아가 '학업' 면에서 조숙한 것이 결코 좋은 일이 아니라는 사실을 알려준다. 연구팀은 학업 위주의 유치원과 사회적 교류를 위주로 하는 유치원을 대상으로 유치원에 갓 들어온 120명의 아이를 선정했다. 아이들이 다섯 살이 됐을 때 학업 위주의 유치원에 다닌 유아는 사회적 교류 중심의 유치원에 다닌 유아보다 글자나 숫자를 더 많이 알고 있었다. 하지만 초등학교에 입학한 이후 학업 위주의 유치원에 다닌 유아가 더 높은 지능을 보인 것은 아니었으며, 지식 축적이나 능력 면에서 특히 뛰어나다고 말하기도 어려웠다. 오히려 사회적 교류 중심의 유치원에 다닌 유아가 창의력이 뛰어났으며 학습에 더 적극적인 모습을 보였다.

아이에게 단순히 학업 같은 일부 재능만을 키워준다면 어떤 부작용이 있을까? 누구든지 스케이트나 독서, 피아노, 바둑 등의 재능을 키우기 위해서는 많은 시간이 필요하다. 유아에게는 더욱 그렇다. 하지만 유아가 매일 억지로 1시간 이상 어떤 재능을 훈련받으면 자발적 흥미나 학습 열정, 내재적인 동기가 사라지게 된다. 동시에 다른 분야의 능력 발달 가능성도 감소하며, 다른 흥미를 찾을 기회도 줄어든다. 그 밖에 유아의 많은 사회적 재능, 정서 발달은 친구와의 교류 중 스스로 체험하고 학습하면서 이뤄진다. 그러므로 다른 사람과 교류할 기회를 지나치게 빼앗으면 아이의 사회화와 정서 발달에 부정적 영향을 줄 수밖에 없다.

20년 넘게 아동과 청소년 심리상담을 해온 심리상담가 제임스 테일러 James Taylor 박사는 아동과 청소년을 상담하는 과정에서 이 점을 증명했다. 재능이 많은 아이는 정서 발달이 2~5년 정도 뒤떨어진다는 결과가 나왔는데, 이는 부모가 아이의 재능 발달에 지나치게 관심을 쏟은 나머지 정작 아이의 정서 발달에는 소홀했기 때문이다. 정서 발달이 미성숙하면 아이는 좌절을 감당하지 못하거나 인간관계에서 소통에 어려움을 겪곤 한다.

그러므로 어떤 조기교육이든지, 우리의 목표는 아이가 균형 있게 발달할 수 있도록 보살피는 것이라는 점을 잊지 말아야 한다. 이번 장의 맨 처음 고민으로 돌아가 보자. 아이가 초등학교 입학 전 문자와 숫자를 배워야 할까? 사실 초등학교 입학 전 아이가 반드시 익혀야 하는 것은 학교생활에 적응하도록 도와주는 행동 습관과 아주 간단한 능력뿐이다.

예를 들어 다음과 같은 것들이 있다.

★ 신발 끈 묶기, 책가방 챙기기 등을 스스로 할 수 있도록 지도하고 연습하게 한다.
★ 부모가 책을 읽어주면서 아이의 책 읽는 습관과 흥미를 키워줄 수도 있다(반드시 글자를 가르쳐야 하는 것은 아니다).
★ 아이의 호기심을 계속 키워주면서 세상 만물에 강한 흥미를 느끼게

한다. 장난감을 가지고 놀 때는 아이 스스로 문제를 해결하는 능력과 자신감을 키워준다. 또한 게임을 하면서 다툼이 생겼을 때 해결하는 방법 등 친구들과 잘 지내는 방법을 가르쳐준다.

이런 습관들은 아이가 학교생활에 적응하고 학업을 촉진하도록 도와주며 여러 방면에서 균형 있게 발달하도록 해준다. 조기교육은 바로 이렇게 여러 환경을 제공하면서 균형 있는 발달을 돕는 것이다. 부모는 종합적인 입장에서 장기적인 마음가짐으로 이 문제를 대해야 한다.

가정이 조기교육의 주요 동력이다

무엇이 조기교육이며 어떤 것이 좋은 조기교육인지 깨달았다면 부모와 가정이 바로 조기교육의 주요 동력이며 바로 우리가 그 책임을 져야 한다는 사실을 인정하게 될 것이다. 좋은 조기교육 기관을 찾았다면 보조적 수단으로 활용할 수 있고, 그러지 못했다면 부모 스스로 조기교육을 해도 전혀 문제 될 것이 없다. 조기교육 기관에 대해 넓게 생각해야만 조기교육의 참된 의미를 찾을 수 있으며, 광활한 조기교육의 세계를 얻을 수 있다. 그렇다면 가정에서는 조기교육을 어떻게 해야 할까? 다음의 몇 가지 제안이 도움이 될 것이다.

사랑이 가득한 보살핌은 정상적인 발달의 기초다

우리는 성인과 아이의 상호작용이 부족하면 아이의 발달에 좋지 않다는 사실을 잘 알고 있다. 어느 심리학자는 엄마가 아이를 대할 때 말하지 않고 행동하지 않고 아무런 표정도 짓지 않도록 하는 '무표정 실험'을 실시했다. 이러한 상황에 놓인 아이는 당혹스러워하다가 점점 초조해했다. 아이는 엄마를 보며 미소를 짓고 손을 흔들며 옹알이를 하면서 엄마의 반응을 끌어내려고 애를 썼다. 하지만 엄마는 전혀 관심을 보이지 않았다.

노력이 실패로 돌아가자 아이는 매우 실망하면서 위축되다가 큰 소리로 울거나 고개를 돌려 엄마와 눈을 마주치려 하지 않았다. 이 실험은 단지 2분 동안만 진행됐다. 하지만 실제 생활에서 엄마가 아이의 필요와 신호에 대해 어떤 반응도 보이지 않는 경우가 얼마나 많을까? 그런 일이 많을수록 아이는 큰 상처를 받을 것이다.

부모가 애정이 가득한 마음으로 부드럽게 말을 걸고 웃고 안아주고 장난감을 보여준다면, 아이는 똑같이 웃고 옹알이하고 손짓을 한다. 상호작용이란 단지 말과 행동만을 포함하는 것이 아니다. 엄마가 단지 아이와 함께 있기만 하면 되는 것도 아니다. 눈을 맞추고 감정을 나누고 스킨십을 하면서 아이가 그 안에서 가장 기본적인 체험을 하도록 하는 것이다. 이러한 체험은 정상적인 발달을 위한 디딤돌이 된다.

아이가 자신의 감각과 운동 능력으로 세상을 탐색하도록 한다

심리학자 장 피아제Jean Piaget는 만 0~2세를 '감각운동기'로 정의했다. 이 시기의 아이는 감각과 운동으로 세계를 인지한다는 주장이다. 아이는 항상 손을 빨거나 뭐든지 입으로 가져간다. 뭐든지 만져보고 어디든지 기어오른다. 이것은 이 시기 유아의 학습 방법으로, 부모는 아이의 행동을 인내심 있게 관찰하고 아이의 손을 깨끗이 씻겨주며 주변 환경을 안전하게 만들어줘야 한다. 아이의 손과 입과 다리의 활동을 최대한 억제하지 말아야 한다.

일부 부모는 아이를 지나치게 사랑한 나머지, 아니면 위험을 피하거나 귀찮은 상황을 만들지 않기 위해서 아이의 모든 활동을 억제한다. 기고 걸을 수 있는 연령에 도달했는데도 여전히 아이를 안고 다니거나 밖에 나갈 때는 무조건 유모차에 태운다. 이것은 아이가 자신의 신체 운동을 체험하고 균형을 유지할 기회를 빼앗는 것이나 다름없다.

일찍 태어난 둘째는 열 달을 꽉 채우고 태어난 아이들보다 늦게 기기 시작했고 걸음마도 늦었다. 아이가 기고 걸음마를 배울 때 나는 "어느 쪽으로 가면 위로 갈까?", "지금 어디로 가는 걸까?"라고 말하며 의식적으로 아이의 운동 감각을 훈련시켰다. 이렇게 훈련하면 아이가 자신의 신체 움직임을 느끼면서 평형을 유지하도록 도와줄 수 있다. "아, 이건 부드러워. 부드러운 걸 밟으면 이런 느낌이구나. 담요도 부드러운데, 느낌이 다르네."

막 걸음마를 시작했을 때 나는 아이의 손을 잡아끌었다. 나중에야 그것이 올바른 방법이 아니라는 걸 알게 됐다. 아이가 걸음마를 배울 때 아이의 손을 끌면 어깨의 힘이 위로 실려서 다른 사람의 힘에 의지하게 되고 자신의 평형을 느낄 수 없게 된다. 사람이 걸으며 양쪽 어깨를 흔들 때는 팔꿈치가 복부 좌우에 오는 것이 자연스럽다. 그래서 의사는 아이의 어깨를 위로 올리지 말고 아이가 스스로 평형을 유지하는 법을 터득하도록 아이의 팔꿈치를 가볍게 잡으라고 말했다.

아이가 걸음마를 떼고 밖에 나가서 놀 때 나는 일부러 아이가 경사진 곳을 걷게 했다. 경사로를 오르거나 내려가면서 손, 발, 어깨, 허리가 어떻게 협동해 균형을 유지하는지

연습하도록 말이다. 아이의 각종 감각이 균형 있게 발달해야 세상을 탐색하고 사고를 발달시키는 데 든든한 기초를 세울 수 있다.

Tip 3

비싼 장난감이 무조건 좋은 것은 아니다

요즘 엄마 아빠는 경제력이 허락하는 한에서 아이에게 최대한 많은 장난감을 사준다. 게다가 비쌀수록 좋은 것이라고 생각한다. 하지만 풍부하고 많은 물건만 제공해줄 수 있다면 꼭 비싼 장난감을 사줄 필요는 없다.

아이는 여러 재질의 물건을 만져볼 필요가 있다. 큰아이가 두 살 정도일 때 어린이집에 참관하러 간 적이 있다. 그날 나는 대부분의 어린이집에는 한쪽에 감각 영역을 만들어 놓는다는 사실을 발견했다. 그곳에는 무늬가 다른 헝겊, 쌀, 콩, 솜, 종이, 고무찰흙 등 여러 재질의 재료가 있었다. 여러 병 안에는 각각 색깔과 밀도가 다른 액체, 즉 물, 기름, 비눗물 등이 담겨 있어 아이들이 관찰하고 만져볼 수 있게 돼 있었다.

나는 집에도 두께가 다른 종이, 솜, 고무찰흙 등 여러 재료를 준비해보았다. 그리고 쌀을 씻을 때 아이에게 만져보게 했다. 집 안 중 쉽게 청소할 수 있는 곳에서는 아이가 물과 모래를 가지고 놀 수 있게 해 모래와 물이 손을 빠져나가는 느낌이 서로 다르다는 것을 느끼게 하고, 물이 흐르는 소리와 모래 흐르는 소리가 다르다는 것을 알려주었다.

한번은 큰아이가 돼지 장난감을 초콜릿 푸딩 속에 빠뜨리더니 새끼돼지가 진흙 속에 빠져 허우적거리는 듯이 하고 놀았다. 다 놀고 난 큰아이는 돼지 장난감을 대야에 넣고 목욕까지 시켜주었다. 그 후로 나도 가끔 아이와 이 끈적끈적한 놀이를 했다. 아이의 선생님은 어떤 아이는 더럽고 끈적끈적한 느낌을 꺼려서 초콜릿을 손가락으로 찍어 그림을 그리는 것조차 싫어한다고 했지만, 우리는 재미있게 놀았다.

나는 여러 가지 재질의 장난감도 샀다. 온몸에 촉수가 달린 공은 움직일 때마다 부르르 떨고 탄성도 있어 통통 튀었다. 끈이 달려 있는 진동하는(안에 작은 모터가 있다) 헝겊 토끼도 있었다. 내가 토끼를 아이의 볼이나 배에 대고 줄을 잡아당기면 아이도 진동을 느낄 수 있다. 아이는 느낌이 이상하다고 하더니 이 놀이를 재미있어했다. 이것 역시 촉각이 발달하는 과정이다.

아이와 함께 놀 때 나는 동시에 언어로 이러한 물건을 설명했다. 예를 들어 "소파는 시원해", "푸딩은 끈적끈적해" 하는 식이다. 그럼으로써 아이가 사물의 성질과 언어를 연결할 수 있도록 했다. 이것 역시 언어를 배우는 과정이다. 아이는 만져보고 관찰하고 냄새를 맡으면서, 동시에 아빠 엄마가 말하는 것을 들으면서 사물의 성질을 이해한다. 이러한 체험 방식은 많고 다양하다.

장난감이 비쌀수록 좋은 것은 아니다. 소박하고 단순하게 만들어진 블록과 화려한 색깔에 빛이 번쩍번쩍하고 소리까지 나는 장난감이 있다면 어떤 것을 선택할까? 얼핏 소리가 나고 불빛이 깜빡이는 장난감이 아이의 흥미를 더 돋울 것 같지만, 사실은 단순한 블록이 아이의 자발적 학습 의욕과 잠재력을 더욱 쉽게 자극할 수 있다. 아이는 물건들을 늘어놓고, 줄을 세우고, 쌓고, 밀거나 당기면서 손의 섬세한 동작을 연습할 수 있다. 다르게 놓으면 다른 결과가 나온다는 사실도 알게 된다. 때로는 '5개의 큰 블록을 나열한 것이 5개의 작은 블록을 나열한 것보다 길다'와 같이 수, 크기, 길이를 관찰하고 비교할 수 있다.

아이는 이렇게 학습한다. 풍부한 환경이라는 것이 끊임없이 새로운 장난감을 사주는 것을 의미하진 않는다. 부모는 아이가 장난감이나 그 밖의 물건을 다양하게 활용하도록 유도할 수 있어야 한다. 집 안의 병이나 캔, 마당의 흙이나 꽃, 잡초 모두 아이에게는 장난감이 될 수 있으며 아이가 세상을 알아가는 매개체가 된다.

제3장

민감기는 정말 어느 시기에나 있을까?

한때 육아계에서 자주 쓰이던 '민감기sensitive period(유아기에 나타나는, 특정 분야의 학습과 발달에 민감한 시기-옮긴이)'는 그 의미가 확대되고 과장됐다. 부모는 민감기에 얽매일 필요도 없으며 소극적으로 민감기를 기다릴 필요도 없다. 그저 아이와 양질의 상호작용을 하면서 아동 발달의 공통적 특징과 개별적 차이를 이해하고, 아이가 무엇에 흥미를 느끼는지 세심하게 관찰하면 된다. 또한 아이에게 적절하고 균형 있는 학습을 제공해준다면 상황에 맞게 올바른 길로 안내할 수 있으며 일은 절반으로 줄어든다.

한 엄마가 블로그를 통해 고민을 털어놨다. '아이가 만 2세가 지났는데, 최근 들어 식습관이 나빠졌어요. 여기저기 흘리고 잘 먹으려 하지 않아요. 작년만 해도 혼자서 숟가락 들고 잘 먹었거든요. 제가 맛의 민감기를 그냥 지나친 걸까요? 어떻게 해야 할까요?'

비슷한 사례는 또 있다. '우리 아이가 쓰기 민감기에 들어선 것 같아요', '읽기 민감기에 들어선 것 같아요', '그림 그리기 민감기에 들어선 것 같아요' 등. 엄마들이 보내는 쪽지에는 저마다 깊은 우려가 담겨 있는데, 민감기를 그냥 지나친 것에 대한 우려와 만약 지나쳤다면 이후 어떻게 보완해 줄 수 있는지에 대한 것이었다.

민감기에 대한 개념이 광범위하게 퍼지고 흔히 사용되면서 이미 민감기는 원래의 정의에서 상당히 멀어졌다. 나는 많은 부모가 불필요한 걱정을 하고 있다는 사실을 알게 됐다. 대부분 부모가 영유아기에 상당수의 민감기가 존재하는데 자신이 행여나 그냥 지나칠까 봐 조심한다. 그러면서 아이가 무언가에 흥미를 느끼면 민감기에 들어선 것이 아닌가 하는 조바심 속에 아이를 키운다.

갓 돌이 지난 아이는 손으로 세계를 탐색한다. 손의 섬세한 동작이 정상적으로 발달하면 밥을 먹을 때 숟가락이나 음식물을 움켜쥔다. 그걸 보고 엄마들은 이 시기를 맛의 민감기라고 생각한다. 만 2세가 지나면 아이의 흥미는 변한다. 또한 관심을 가지는 물건이 많아진다. 그리고 어느 시기가 되면 스스로 먹는 걸 싫어한다. 이때 엄마들은 맛의 민감기를 놓친 것은 아닌지, 자신이 아이를 잘못 키운 것은 아닌지 마음이 조급해진다.

이와 같은 민감기에 대한 오해는 소극적인 태도를 갖게 한다. 일부 엄마는 어쨌든 '맛의 민감기'는 반드시 있고, 아이가 잘 먹지 않는 것은 분명 맛의 민감기가 아직 오지 않았기 때문이라고 생각해 그저 기다리기도 한다. 하지만 아이가 잘 먹지 않는 것은 맛의 민감기가 아직 오지 않아서만은 아니다. 다양한 원인이 있을 수 있으므로 적극적으로 원인을 찾아서 적절하게 처방해야 건강하게 키울 수 있다. 어느 쪽이든 극단적인 상황은 아이의 발달에 좋을 게 없다. 그래서 나는 민감기가 도대체 무엇인지, 그리고 어디에서 오는 것인지 연구해볼 필요가 있다고 생각한다.

민감기란 무엇인가?

사람을 엄마로 착각한 새끼 거위

민감기의 개념을 확실히 하기 위해서는 그 근원인 '결정적 시기critical period'부터 설명해야 한다. 결정적 시기의 기본 개념은 동물 행동 연구 분야에서 생겨났다. 1950년대 유럽 생태학자 콘라트 로렌츠Konrad Lorenz와 그의 동료는 일부 조류의 새끼가 출생 후 어미 새를 따라 함으로써 관심과 보호를 받으며 생존율을 높인다는 사실을 발견했다. 이러한 행위를 '각인imprinting'이라고 한다. 어느 날, 로렌츠의 실험실 보온 박스에서 새끼 거위가 태어났다. 새끼는 엄마 거위를 보지 못했고, 그 대신 처음으로 본 움직이는 물체가 바로 로렌츠였다. 새끼 거위는 로렌츠를 엄마로 인식해 언제 어디서나 로렌츠를 따라 했다. 로렌츠는 이 새끼 거위에게는 부화 후 13~16시간이 애착의 결정적 시기였다고 말했다.

결정적 시기란 동물 발달 과정의 특정 시기로, 그 시기에 생리적으로 이미 갖추고 있는 조건을 발육 또는 발달시킨다. 이때 그 개체는 태어난 환경에 대한 자극에 매우 민감하다. 만약 그 자극이 적절하다면 정상적으로 발육 또는 발달할 것이고, 만약 결핍됐다면 다시 보완하기는 매우 어렵다. 그래서 '결정적 시기'라고 하는 것이다.

인간의 생리 발육에도 어느 정도 결정적 시기가 존재한다. 인간의 배아는 모체의 뱃속에서 일정 시간의 발육 기간을 거친다. 만약 일정 시간 동안 발육되지 않는다면 되돌릴 수 없는 결과를 낳게 된다. 1950~60년대 독일의 일부 임신부가 입덧을 막아주는 약을 복용했다. 나중에 그 임신부가 낳은 아이는 사지 발육이 온전하지 않았다. 바로 약물이 태아 발육의 결정적 시기에 영향을 미쳐 되돌릴 수 없는 결과를 낳은 것이다.

그렇다면 더욱 복잡한 인지 행위나 사교 행위에도 결정적 시기가 존재할까? 아동은 반드시 이 결정적 시기 동안에만 인지와 사회화 방면의 정상적인 발달을 할 수 있는 걸까? 발달심리학 분야에서는 장기적인 연구를 통해 결정적 시기로 아동의 심리 발달을 해석하는 것은 매우 한계적이라는 사실을 발견했다. 결정적 시기에는 두 가지 상황만이 존재한다. 즉 '발달하느냐', 아니면 '발달하지 않을뿐더러 보완할 수도 없느냐'다. 하지만 이 양자택일의 상황은 아동의 신체 및 정신 발달에는 전혀 부합하지 않는다.

민감기는 결정적 시기처럼 극단적이지 않다

그래서 발달심리학에서는 더 유연한 개념인 '민감기'를 제시했다. 민감기란 어떤 시기, 즉 생리적으로 발달에 가장 유리한 시기를 말한다. 생리적으로 이미 준비가 되면 어떤 능력의 생성이나 발달에 유리하고, 이때 그 개체에 미치는 외부 세계의 영향에 가장 민감하다. 이 시기의 환경이 개체에 적합한 영향을 미쳤다면 특정 방면에서 발육과 발달이 가장 우수한 방식으로 나타난다.

그런데 민감기가 결정적 시기와 다른 점은 엄격한 경계선이 없다는 것이다. 즉, 민감기에 외부 환경이 적합한 영향을 미치지 않았더라도 발육과 발달은 여전히 진행될 수 있다. 단지 가장 좋은 효과에 이르지 못할 뿐이다.

이것이 바로 발달심리학에서의 민감기에 대한 정의다. 아이가 어떤 방면의 민감기에 있을 때 아이에게 적합한 발달 환경과 자극을 주었다면, 분명 일은 반으로 줄고 효과는 두 배로 나타났을 것이다. 이것이 바로 많은 부모가 아이의 발달 민감기를 놓친 건 아닌가 하고 전전긍긍하는 이유다. 하지만 한편으로, 민감기에 대한 개념을 과학적으로 해석해볼 필요가 있다. 다음의 내용이 바로 세 가지 방면으로 민감기를 깊이 이해할 수 있게 해줄 것이다.

1_민감기는 결정적 시기처럼 극단적이지 않아 엄격하게 언제부터 언제까지라는 경계선의 정의가 없다. 설령 지나쳤다 하더라도 단지 가장 좋은 효과에 다다르지 못했을 뿐이지 '발달하느냐, 아니면 되돌릴 수 없는 결과를 낳느냐'를 의미하진 않는다.

2_아동의 심리 발달 과정에서 민감기의 '창'은 우리가 상상하는 것보다

훨씬 크다. 모두가 알고 있는 것처럼 '몇 개월 또는 1년'이 아니다. 아이의 발달기는 아차 하면 사라지고 마는 것이 아니어서 그렇게 쉽게 지나칠 수 없다.

3_발달심리학에서는 '아이가 무엇을 좋아하는 무엇에 대한 민감기'라고 말한다. 즉 'ㅇㅇ민감기'가 아니다. 아이의 성장은 단계마다 독특한 규율과 특징이 있다. 이것은 분명한 사실이다. 하지만 모든 단계를 두루뭉술하게 'ㅇㅇ민감기'라고 부를 수 있는 것은 아니다.

우리 아이가 말을 배울 때를 예로 들면 이렇다. 연구에 따르면 모국어를 배우는 민감기가 있다고 한다. 정상적인 아이는 날 때부터 언어를 배우는 생리적인 능력을 갖추고 있다. 그리고 그 능력이 발현되려면 어느 정도의 언어 환경에서 생활해야만 한다. 태어나 몇 년간은 아이가 언어를 받아들이는 데 매우 민감하기 때문에 인생의 처음 몇 년은 언어를 학습할 수 있도록 주변 환경을 만들어줘야 한다. 하지만 인생의 처음 몇 년을 흘려보냈다 하더라도 아이가 영원히 말을 배우지 못하는 것은 아니다. 아이가 어렸을 때는 언어 환경이 좋지 않았다가, 6~7세가 돼서야 풍부한 언어 환경이 됐다 하더라도 충분히 말을 배울 수 있다. 바로 이 점에서 모국어를 배우는 민감기가 매우 길다는 것을 알 수 있다. 다만, 7세를 넘어서까지 그런 환경이 만들어지지 않으면 아동이 모국어를 할 수 없는 확률이 점차 증가한다. 하지만 이는 '7세 이후 모국어를 배울 수 없는' 것과는 구분된다.

정상적인 환경에서 생활하는 아이라면 주변 사람들과 정상적으로 상호 작용하면서 충분한 언어 자극을 받을 수 있다. 이렇듯 언어의 민감기를 그냥 지나칠 확률은 매우 낮다. 늑대인간이거나 벽장 안에 갇혀 있어서 사회와 완전히 격리된 경우가 아니라면 말이다.

아이의 학습 창이 얼마나 넓은지는 다음의 그림을 보면 이해할 수 있을 것이다.

학습 창과 신경이 연결된 중요한 단계

자료:In the Beginning: the Brain Early Development and Learning, by Michael Hagel.

서로 다른 유형의 학습은 대뇌의 서로 다른 영역에서 담당한다. 대뇌 각 영역의 발달 속도가 서로 다르기 때문에 학습 창은 특정 유형을 학습하는 데 가장 적합한 발달 시간을 말한다. 하지만 주의해야 할 것은 학습 창은 한 번도 완전히 닫히거나 어떤 인지 능력을 일찍 잃어버리지 않는다는 사실이다. 그래서 우리는 성년이 되어서도 여러 유형의 학습에 참여할 수 있다.

민감기라는 단어가 유행하면서 많은 사람이 이 개념을 광범위하게 사용하며 많은 관련 개념을 만들어냈다. 예를 들어 혼인 민감기, 쓰기 민감기, 그리기 민감기, 심지어 맛의 민감기까지 말이다. 이러한 개념은 대부분 아무런 의미가 없으며 오히려 부작용을 낳기까지 한다. 그러므로 부모는 '민감기'에 대해 과도하게 '민감'할 필요가 없다.

그리기를 좋아한다고 그리기 민감기라 할 수 있을까?

엄마들은 아이가 어떤 사물에 특히 관심을 가질 때 이것이 어떤 민감기에 들어선 것은 아닌지, 그렇다면 엄마가 어떻게 지도해줘야 하는지 고민한다. 한 엄마가 메일을 보내왔다. 아이가 현재 38개월인데, 그림 그리는 것을 정말 좋아해서 특별한 일이 없으면 항상 그림을 그린다는 것이다. 이것이 그리기 민감기인지, 엄마가 의식적으로 지도해줘야 하는지 물었다.

우선 아이가 어떤 시기에 무엇에 관심을 갖는지 부모가 관찰하고 지도해주려는 것은 칭찬할 만한 일이다. 하지만 '민감기'라는 개념 속에서 아이의 흥미를 토론의 대상으로까지 삼아야 하는지에 대해서는 세심하게 분석해볼 필요가 있다.

아동의 발달에는 단계별로 일정한 규율과 특징이 있다. 부모는 이 규율과 특징을 이해하고 존중해야 한다. 동시에, 아이의 발달 단계상 특징이 다른 행동을 통해 표출되기도 한다는 점을 이해해야 한다. 만약 무엇이든 민감기로 해석한다면 부모는 가치도 없는 일에 지나치게 집착하는 셈이 될 것이다. 아이의 행동에만 관심을 갖고 '○○민감기'라고 치부한다면 그 방식으로 표출된 발달 규율을 간과하게 돼 오히려 불필요한 걱정만 낳게 된다.

아이가 그리기를 좋아하는 것이 반드시 그리기 민감기에 들어섰다는 것을 의미하지는 않는다. 예컨대 손의 섬세한 동작이 발달하는 데에는 일정한 시간표가 있는데, 각각의 단계를 보면 이해하기 쉬울 것이다(표 참조).

연령	손의 동작 발달이 표현되는 방식
만 4~5개월	아이는 물건을 잡을 수 있다. 물건을 두 손으로 잡고 이리저리 관찰할 수 있다. 손가락의 감각을 통해 물건의 특징을 학습한다.
만 6~12개월	아이의 손가락 동작이 더 유연해진다. 첫돌이 되기 전에 아이는 엄지와 검지로 물건을 집을 수 있다.
만 1~2세	3개의 큰 블록을 이용해 탑을 쌓을 수 있다. 크레용으로 마음대로 그릴 수 있다. 물감을 이용할 때 팔 전체를 움직일 수 있고 두 손을 서로 바꾸어 그릴 수 있다.
만 2세 전후	가로 선과 세로 선을 그릴 수 있다.
만 2~3세	4개의 큰 구슬을 꿸 수 있다. 크레용을 집을 때 엄지와 다른 손가락(검지가 아닌)을 사용한다. 물감으로 그릴 때는 손목을 사용할 수 있다. 굴리고, 누르고, 잡아당길 수 있으며 고무찰흙을 조물락거릴 수 있다. 문고리를 돌릴 수 있다.
만 3~4세	9개의 작은 블록으로 탑을 쌓을 수 있다. 동그라미와 십자가를 그릴 수 있다. 고무찰흙을 손바닥에 놓고 비벼 뱀이나 공, 쿠키를 만들 수 있다. 가위를 사용해 종이를 자를 수 있다.

만 4~5세	조건을 제시하면 대략적인 형태를 그릴 수 있다. 블록을 가로 또는 세로의 구조로 놓을 수 있다. 스스로 옷을 입고 벗을 수 있다. 글자를 따라 쓸 수 있다. 가위를 사용해 선을 따라 자를 수 있다.
만 5~6세	글자와 일부 숫자를 쓸 수 있다. 일부 도구를 사용할 수 있어 줄을 이용해 작은 구슬을 꿸 수 있다. 3개의 손가락으로 연필을 집을 수 있다. 다른 물건을 그릴 수 있다.

자료: 로라 버크(Laura E. Berk)의 《유아와 아동(Infants and Children)》, 인터넷 사이트 babycenter.com 참조.

이것은 대략적인 발달 시간표로 대부분의 아이가 이렇게 발달한다. 하지만 모든 아동의 발달에는 공통적인 부분이 있는 동시에 개별적인 특징, 즉 차이점도 있다. 발달 과정에서 아이의 흥미는 저마다 다르다. 어떤 아이는 3~4세 때 그림 그리기에 흥미를 갖고 아무렇게나 그리기 시작한다. 아이는 생리적으로 섬세한 동작을 발달시키는 능력을 이미 갖추고 있기 때문에 이 능력을 발휘하고 싶어 하고 발달시키고자 한다. 이 시기 부모가 그림 그릴 종이나 크레파스, 붓을 주는 등 어떤 환경을 제공해주고 다양한 색깔과 재질을 접촉하게 해준다면 그림을 그리는 기초를 마련해줄 수 있을 것이다.

하지만 어떤 아이들은 그림에 전혀 흥미가 없어 부모를 초조하게 만들기도 한다. 그래서 그리기 민감기를 그냥 지나친 것이 아닌지 걱정하면서 어떻게 해서든지 아이가 그림 그리는 것을 좋아하게 하려는 부모도 있다. 하지만 이런 아이들은 그림에는 전혀 관심을 갖지 않고 자동차를 가지고 놀거나 블록을 쌓고 고무찰흙을 조몰락거리거나 구슬을 꿴다.

사실 이 모두가 정상적인 발달 과정이다. 설령 아이가 어떤 시기에 그리기에 관심을 갖는다고 해도 이것이 그리기 민감기에 들어섰다고 말할 수는 없으며, 그저 섬세한 동작 발달의 기초상에서 그림에 흥미가 생긴 데 지나지 않는다. 왜냐하면 그리기 민감기라는 것 자체가 존재하지 않기 때문이다. 당연한 얘기지만, 만 3~4세가 그림을 그리는 최적의 시기라서 지나치면 영원히 발달하지 않는 것도 아니다. 그 예로 뒤늦게 그림을 그리기 시작한 화가도 매우 많다.

그림을 그리는 데 관심이 없는 아이도 섬세한 동작이 발달한다. 이런 아이들은 다른 방식과 흥미, 즉 자동차 놀이나 블록 쌓기, 공구 놀이를 통해 손의 움직임을 단련할 수 있다. 이러한 발달 규율 역시 공통적인 것으로 이 시기 동안 손의 섬세한 동작을 발달시키고 응용한다. 하지만 개인의 흥미는 천차만별이다. 부모가 해야 할 일은 아이의 흥미를 키워주는 것이지 민감기에 집착하는 것이 아니다. 집착할수록 아이에게 강요하게 되고 아이는 오히려 반감을 표출할 수 있다. 부모의 걱정은 발달을 촉진하는 것이 아니라 오히려 방해만 될 뿐이다.

'문자에 대한 민감기'를 소극적으로 기다리지 말라

많은 부모가 관심을 갖는 것이 바로 '문자에 대한 민감기'가 존재하느냐 하는 것이다. 어떤 사람들은 아이의 상상력을 파괴하기 때문에 문자에 대한 민감기 전에는 절대로 글자를 알려주지 말라고 한다. 반대로 어떤 부모는 글자에 대한 민감기 이후에 글자를 배우면 너무 늦다며 걱정한다.

비공식 문자 체험이 많을수록 언어 능력이 잘 발달한다

발달심리학의 정의에 따른 '문자에 대한 민감기'를 살펴보자. 정말 문자에 대한 민감기가 존재한다면 이 시기 아동은 생리적으로 이미 준비가 다 돼 있고 문자를 인식하는 능력이 주변 사물과 사람들의 도움으로 순조롭게 발달할 것이다. 그리고 만약 그 시기를 지나쳤다면 아이는 문자 인식 면에서 최적의 발달을 할 수 없을 것이다. 하지만 문자에 대한 민감기가 도대체 몇 세부터 몇 세까지인지 확실한 정의를 본 적이 없다. 어떤 사람은 5~6세라고 말한다. 그렇다면 아이가 5~6세 때 글자를 깨쳐야 하고, 이때 깨치지 못한다면 영영 읽을 수 없다는 것인가? 당연히 아니다.

문자에 대한 민감기라는 측면에서 아이가 글자를 읽을 줄 아느냐 아니냐를 따지며 초조해할 것이 아니라 아동의 발달 규율을 인식하고 발달의 공통적 특징과 개별적 차이로 판단해야 한다. 또한 소극적으로 문자에 대한 민감기를 마냥 기다리는 것도 옳지 않다.

문자를 읽을 수 있기 전에 아이는 이미 문자를 조금은 이해하고 있다. 왜냐하면 우리 생활이 많은 문자로 둘러싸여 있기 때문이다. 상품의 라벨, 길 위의 표지판, 상점의 간판, 달력 등 아이들은 일상생활 속에서 끊임없이 문자에 노출된다. 그리고 엄마나 아빠가 항상 책을 읽어주기도 한다. 이렇게 아이는 점차 이 부호가 의미를 가지고 있다는 사실을 깨닫게 된다. 많은 아이가 시장놀이를 하면서 자신이 직접 '쓴' '쇼핑 리스트'를 가지고 장을 본다. 이 쇼핑 리스트는 진짜 문자가 아니라 어떤 부호를 그려 놓은 것이긴 하지만, 이는 아이가 문자와 쇼핑 리스트의 기능을 분명히 알고 있다는 것을 말해준다. 만 2~3세 때 아이는 아직 소리와 문자를 일대일로 대응할 수 없다. 하지만 많이 보고 많이 들으면 점차 소리와 문자를 대응할 수 있고, 이런 식으로 차츰 글자를 읽을 수 있게 된다.

생활 속에서 점차 소리와 문자를 대응하고, 물건과 문자를 대응하는 것을 우리는 '비공식적인 문자 체험'이라고 한다. 만약 쇼핑을 하면서 아이가 상표를 보며 글자에 관심을 보인다면 그 글자를 읽어주자. 그러면 아이는 상표와 물건, 그리고 발음과 문자를 대응할 수 있게 된다. 연구 결과 이러한 비공식적인 문자 체험이 많을수록 아이의 언어 능력이 발달하고 앞으로 읽고 쓰는 능력이 발달한다고 한다.

부모가 문자에 대한 민감기가 존재한다고 믿으며 소극적으로 기다리고, 문자에 대한 민감기 전에는 절대 글자를 가르치면 안 된다고 믿으면 아이의 발달에 부정적인 영향을 미칠 수 있다. 아동의 발달은 연속적인 것으로, 이른바 '민감기'에 갑자기 한 번에 문자를 깨치는 것이 아니다. 그 전에 비공식적인 경험을 활용하여 적극적으로 아이를 도와야 한다.

저소득 가정과 중산층 가정 가동의 비공식적 문자 체험을 비교한 연구가 있다. 빈곤 가정의 학령기 이전 아동은 부모와 함께 책을 읽을 기회가 매우 적었다. 또는 부모가 비공식적 문자 체험을 시켜준 기회가 거의 없었다. 이 아동들은 초등학교 입학 후 한동안 읽고 쓰는 능력이 한참 뒤떨어졌다. 앞서 소개했듯이, 저소득 가정 아동은 만 2~6세 때 부모와 함께 책을 읽은 시간이 25시간에 불과했지만 중산층 가정에서는 1,000시간이 넘었다. 입학 이후 중산층 가정의 아이들은 문자를 인지하고 단어를 정확히 발음할 수 있었다. 심지어 자신의 이름을 쓰는 데서도 분명한 차이를 보였다.

부모는 아이와 함께 책을 읽고 함께 놀아야 한다. 아이가 흥미를 보이면 주변에 보이는 글자를 읽어주고 이야기해줌으로써 아이의 호기심과 읽기에 대한 관심을 키워줄 수 있다. 이러한 기초 위에서 아이가 글자를 익히는 것은 매우 자연스러운 일이다. 사실 아이가 관심이 있고 학습에 주동적이라면, 아이를 벽장 안에 가두지 않는 한 그 학습 욕구를 막을 도리가 없다.

글자를 가르치기보다 읽기에 대한 흥미를 키워주자

주목해야 할 것은 우리가 권장하는 비공식적인 문자 체험이다. 이것은 아동의 흥미와 능력을 기본으로 하는 것이지 글자를 반드시 알게 하는 것이 목적이 아니다. 학령기 이전에 생활 속에서 다량의 비공식적인 문자 체험을 하게 함으로써 아이가 글자와 말, 물건, 생활 등을 연결해 이해력을 높이는 것이 중요하다. 또한 들은 말과 읽은 글자가 무슨 뜻인지 이해하며, 단어를 적합하게 사용하고 자신의 생활과 연결하는 것이 단순히 글자를 아는 것보다 중요하다.

중국어로 된 한 편의 글을 다 읽으면서 정작 그 의미는 이해하지 못하는 외국인을 본 적이 있다. 어감을 이해하지 못하고 언어와 실생활의 관계를 잘 모르기 때문에 대뇌가 이를 처리하지 못하는 것이다. 이렇게 문자는 인식하지만 문장이 무엇을 의미하는지 이해하지 못하는 예는 흔히 볼 수 있다.

학령기 이전 아동의 주요 임무는 글자를 아는 것이 아니라 언어 환경 속에서 듣고, 적합한 상황에서 말하는 것이다. 이는 앞으로 읽고 이해하는 능력을 지속적으로 발달시키는 데 유리하다. 글을 일찍 떼느냐 늦게 떼느냐에 집착할 필요가 없다. 다른 아이들은 만 5세 이전에 글자를 뗐다는데 우리 아이는 5~6세가 지나도록 몇 글자 익히지 못했다 해도 부모는 당황할 필요가 없다. 가정에서 비공식적인 문자 체험을 지속하면, 초등학교에 입학해 공식적으로 글자를 배울 때 충분히 준비된 상태이므로 더 빠르게 배울 수 있다.

이러한 과정에서 부모는 글자 깨치기, 읽기, 표현, 이해 등이 균형 있게 발달하는지 관심을 갖고 지켜봐야 한다. 핵심은 언제 글자를 깨쳤냐가 아니라 읽기에 관심을 갖게 하고 책을 읽는 습관을 길러주는 것이다. 그러면 아이는 독서와 학습 방면이 발달할 수 있도록 탄탄한 기초를 쌓게 된다. 부모가 민감기에 지나치게 집착할 필요는 없지만 그렇다고 완전히 무관심해서도 곤란하다. 양극단 모두 아이의 성장에 좋지 않다.

아이의 학습 창은 생각보다 넓다

앞서 설명했듯이, 초기 대뇌의 발달은 매우 중요하며 민감기는 물론 가소성도 존재하는 사실이 밝혀졌다. 이 두 가지는 서로 충돌하지 않는다.

대부분 부모는 아이가 태어나면 안정되고 다양한 환경을 제공한다. 인류의 대뇌는 초기에 시냅스를 최대한 형성하기에 영유아의 시냅스는 성인의 두 배에 달한다. 그 덕에 만일 일부가 손상되면 여분의 시냅스가 보완할 수 있다.

먼저 민감기 문제부터 보자. 만약 초기에 감각계통이 극도로 박탈당하면 대뇌의 영구적 손상이나 기능의 상실을 초래할 수 있다. 1개월 된 고양이가 빛이 전혀 없는 곳에서 3~4일 정도 생활하면 대뇌의 시각 중심 영역이 손상된다. 만약 4개월이 될 때까지 계속 암흑 속에서 생활한다면 이 손상은 평생 남게 된다.

아이도 마찬가지다. 출생 시 양쪽 눈 모두 백내장을 안고 태어난 영아가 4~6개월 내에 수술을 받으면 시력이 빠른 속도로 회복된다. 하지만 시간을 지체할수록 시력 회복의 가능성은 작아진다. 만약 성인이 돼서야 수술을 받는다면 시각 손상이 매우 심각해져 영원히 회복되지 않을 수 있다. 이러한 예를 통해 대뇌의 발달에도 민감기가 존재한다는 것을 알 수 있다.

또한 대뇌의 발달에는 가소성도 존재한다. 생후 초기의 생활 환경이 어떠한가가 대뇌의 발육에 영향을 미칠 수 있다. 2장에서 소개한 실험용 쥐 연구가 증명했듯이, 어려서부터 정상적인 환경에서 생활하고 물질적으로 풍족하며 다른 쥐와 교류한 실험용 쥐는 태어나면서부터 세상과 격리된 실험용 쥐보다 영리했다.

아이도 마찬가지다. 고아원에서 자란 아이는 물리적 환경과 심리적 환경 모두 열악하며 충분한 스킨십과 관심을 받지 못한다. 만 0~42개월의 고아를 고아원에서부터 입양 가정까지 추적조사한 연구 결과가 있다. 고

아원을 떠나 입양 가정에 들어갔을 때 대부분 아이의 대뇌는 어느 정도 손상을 입은 상태였다. 다만, 6개월 전에 입양된 아이는 인지 능력이 매우 빠르고 지속적으로 발달했다. 그 아이가 청소년이 됐을 때 다시 조사해보니 다른 아동과 비교해서 전혀 차이가 나타나지 않았다. 반면, 6개월 이후 입양된 아이는 지속적으로 발달하기는 했지만 인지 테스트 점수가 보편적으로 평균보다 낮았다.

그러므로 생후 처음 몇 년이 대뇌의 발달에 가장 중요하고, 손상이 일찍 발생할수록 즉시 보완될 수 있으며 회복의 가능성도 커진다는 것을 알 수 있다. 물론 '보완 가능성'을 이유로 손상을 방관해도 된다는 뜻은 아니다. 아이의 성장 과정에서 나타나는 부족한 부분은 순리에 맡겨야 한다.

또한 학자들은 대뇌의 손상을 보완하는 것이 아무런 대가가 없는 것은 아니라고 말한다. 아동의 대뇌에 손상이 나타나면 정상적인 부분이 손상 부분을 대체해야 하는데, 이것은 정상적인 부분이 일반적인 상황보다 더 많은 정보를 처리하고 더 많은 일을 해야 한다는 뜻이다. 그 결과 대뇌의 정보 처리 속도와 정확도가 그만큼 낮아진다. 이는 대뇌 신경과학자가 제기한 밀집 효과crowding effect와 연관된다. 신경 밀집 효과는 초기 대뇌에 지나치게 많은 정보를 입력하면 대뇌의 건강한 발달에 해가 될 수 있다는 의미다. 그러므로 어렸을 때 이것저것 끊임없이 가르치지 말고 적당히 해야 한다.

성장 과정에서 어떤 심각한 결손이 나타난다면 나이가 어릴수록 회복이 빠르므로 즉시 주의를 기울여야 한다. 또 하나 주의해야 할 것이 생후 초기의 정보 입력은 반드시 적당해야 한다는 것이다. 입력되는 정보가 너무 많거나 너무 적거나 또는 균형을 이루지 못하면 아동의 발달을 저해할 수 있다. 이러한 점을 이해하는 부모는 아이의 민감기라는 문제를 좀더 대범하게 생각하며 인내심을 갖고 아이와 함께 성장할 수 있을 것이다.

민감기에 얽매이지 마라

아이의 발달 시기가 오기를 그저 기다리거나 민감기에 집착해 이것저것 가르치려 하지 말아야 한다. 아이에게 필요한 것은 적절한 지지와 도움이라는 것을 기억하자.

Tip 1

아동 발달의 공통적 특징과 개별적 차이점을 이해하자

민감기라는 개념이 널리 퍼져 있긴 하지만 아동의 발달에는 공통적 특징과 개별적 차이가 있다는 사실은 그리 알려져 있지 않다. 이 때문에 많은 부모가 표면적인 현상에만 주목해 민감기로 오해하곤 한다.

많은 엄마가 만 1세가 되면 맛의 민감기가 온다고 믿는다. 그래서 아이가 손으로 음식을 집어 먹거나 여기저기 묻히며 먹으면 '이제 맛에 눈을 뜨는구나'라고 생각한다. 이 시기의 아이가 왜 그런 행동을 하는지를 모르는 것이다. 즉 아동 발달의 단계적 특징을 제대로 이해하지 못했다는 얘기다.

만 1세가 넘으면 아이는 스스로 먹고 싶어 한다. 첫째는 손의 섬세한 동작이 발달하기 때문이다. 아이는 스스로 음식물을 집거나 숟가락을 사용할 수 있다. 둘째, 에릭슨의 이론에 따르면 끊임없이 자신의 새로운 능력을 이용하면서 자립심을 키워나가기 시작하는 시기에 이른 것이다. 부모가 아이 스스로 하는 것을 허락해주면 아이는 스스로 선택한다. 스스로 밥을 먹거나 물컵을 들고, 노란색 치마와 빨간색 치마 중 하나를 선택할 수도 있다. 아이가 제대로 못 할 것을 두려워해 엄마가 아이의 행동에 간섭하면서 스스로 할 기회 또는 선택의 기회를 주지 않거나 "그렇게 내가 뭐랬니. 하지 말라고 했잖아"라며 타박한다면 아이는 자신감을 상실하거나 수치심을 느낄 수 있다. 그러면 인격이 건강하게 발달하는 데 부정적인 영향을 받을 수 있다.

한편 스스로 밥을 먹는 것이 자립심을 키우는 행위 중 하나인 것은 분명하지만, 자립심을 키우는 것이 밥 먹는 행위로만 나타나는 건 아니다. 어떤 아이는 돌이 지나도 스스로 먹고 싶어 하는 의욕이 없다. 이것은 개별적 차이다. 부모가 이 점을 이해하면 스스로 밥을 먹고자 하는 아이는 더욱 격려해주고, 그렇지 않은 아이라면 다른 면에서 자주성을 키우도록 해줄 수 있다. 만 1세가 됐는데 스스로 밥을 먹고 싶어 하지 않는다 해서 크게 우려할 필요는 없다는 얘기다. 부모가 세심하게 관찰하고 아이가 흥미를 가지는 부분을 포착하여 지원하면 된다.

어떤 아이는 돌이 막 지나 스스로 밥을 먹고 싶어 하고 혼자서도 꽤 잘 먹다가, 만 2세가 되면 오히려 잘 먹지 않기도 한다. 왜 그럴까? 이것은 구체적인 상황에 따라 분석해볼 필요가 있다. 예를 들면 다른 곳에 흥미가 더 있어서 밥을 먹는 데 신경을 쓰지 않을 수도 있다. 또는 무엇을 하든 부모에게 저지당해 자주성에 상처를 받았기에 혼자서 밥을 먹는 것에도 흥미를 잃어버렸을 수 있다.

부모가 '민감기'라는 개념에 얽매이면 아이가 발달하는 과정의 참모습을 제대로 보지 못한다. 민감기의 틀을 깨고 아이의 매 순간 공통적인 특징과 개별적 차이를 함께 이해하자. 그러면 바르게 인도할 수 있으며 아이의 건강한 발달을 잘 도와줄 수 있다.

부모와의 올바른 관계가 대뇌 발달에 중요하다

아이는 정상적인 환경에서 건강하게 자랄 수 있다. 정상적인 환경이란 무엇일까? 예컨대 깜깜한 방에 갇힌 게 아니라면 아이의 시각은 정상적으로 발달한다. 정상적인 환경을 박탈하면 정상적인 발육도 방해받는다. 부모와 주변 사람들이 아이의 요구에 민감하게 반응하고 아이의 필요를 일관되게 충족시켜주기만 하면 된다. 주변 환경이 풍부하면 아이의 탐색 욕구를 더 수월하게 만족시켜줄 수 있다. 생활 속의 사소한 것들이 영유아의 발달을 촉진한다. 함께 노래를 부르거나 숨바꼭질을 하거나 책을 읽거나 놀이터에서 그네를 타는 것 등이 모두 아이가 타고난 능력을 발달시키는 데 기초가 된다.

영유아의 일상생활이 규칙적이고 다채로우며 부모가 안정적인 사랑을 준다면, 민감기를 그냥 지나칠까 걱정하며 독서니 바둑이니 바이올린이니 글짓기니 등을 굳이 시키지 않아도 된다. 어린 시절에 읽기나 악기 다루기, 바둑 두기 등의 민감기가 존재한다는 사실은 아직까지 증명된 바 없다. 이러한 재능에는 많은 훈련이 필요하며, 반드시 어린 시절에 훈련해야 한다는 증거도 없다. 반대로 영유아기의 지나친 훈련이 일상생활에서의 체험에 대한 대뇌의 민감도를 낮춰 건강한 발달의 기초를 방해한다는 사실은 밝혀졌다.

언뜻 무미건조해 보이는 일상생활 속에서 아이와 양질의 상호작용을 하고, 따뜻하게 안아주고 사랑해주면서 부모와 건전한 관계를 만드는 것이 영유아의 대뇌 발육에 매우 중요하다. 설령 물질적 조건이 충분하지 않은 가정이라도 부모가 항상 아이를 안아주고 이야기 나누고 같이 놀면서 아이의 감정에 관심을 가지면, 물질적 부족이 대뇌 발육에 미치는 불리한 영향을 어느 정도 줄일 수 있다.

일상생활 속에서 자연스럽게 다양한 체험을 하는 것이 아동의 발달에 유리하다. '무슨무슨 민감기'니 하는 식으로 이름 붙이고 안달복달할 일이 아니다.

제4장

TV는 교육에 득일까, 실일까?

연구에 따르면 만 2세 이전 아이가 TV를 보는 것은 바람직하지 않으며 현실 속에서의 상호작용이 아이에게 가장 좋은 학습 방식이라고 한다. 하지만 오늘날 같은 디지털 시대에 전자제품을 재앙으로 여기며 살 수 있을까? 그럴 수 없다면, 아이의 연령과 특징에 따라 적합한 미디어와 프로그램을 선택하는 것이 최선일 것이다. 잘만 사용하면 아이는 다양화된 채널을 통해 학습함으로써 균형 있게 발달할 수 있다.

시도 때도 없이 매달려 보채는 아이를 떼어놓기 위해 엄마들은 TV를 켠다. 떠들썩한 광고와 갖가지 프로그램 앞에서 아이는 조용해진다. 많은 부모가 아이에게 TV를 보여주면 여러 가지를 배울 수 있다고 말한다. 나에게 "TV를 보여주었더니 노래를 따라 부르는 거예요. 밥 먹기 전에 알아서 손도 씻고요"라고 이야기한 엄마도 있었다.

장기적인 발달 측면에서 TV 프로그램은 영유아의 교육에 득이 더 많을까, 실이 더 많을까? 과연 영유아가 TV를 봐도 되는 걸까? 본다면 어떤 프로그램을 봐야 하는지, 어떻게 보는 것이 바람직한지 부모는 또다시 고민한다.

미국소아과학회The American Academy of Pediatrics에서 내놓은 양육 권고 사항을 소개하겠다. 1999년, 이 학회는 많은 연구 끝에 유아가 일찍 TV에 노출되면 발달이 저해되므로 아이가 만 2세가 되기 전에는 TV를 보여주지 말아야 한다고 권고했다. 학회는 TV, DVD, 컴퓨터로 영상을 보여주는 것을 수동적 오락 화면passive entertainment screens으로 분류했다.

이 권고 이후 미국에서 조사된 만 1세 영아의 하루 평균 수동적 오락 화면 노출 시간은 1~2시간이다.[3] 기업들은 교육 프로그램의 대상으로 만 0~2세 영유아를 첫 번째 목표물로 정했다. 이들은 광고 효과를 예로 들며 부모로 하여금 자사 프로그램을 보는 것이 아이에게 유익하다고 믿게 한다. 영유아 프로그램은 오락적인 기능을 할 뿐인데 이들 회사는 자사 프로그램을 교육 프로그램으로 정의함으로써 부모들의 오해를 초래했다. 부모는 아이가 이 프로그램을 보면 학습을 촉진하므로 근심과 수고를 덜 수 있다고 생각한 것이다.

과연 이런 프로그램이 영유아의 발달에 유익할까? 미국소아과학회는 최근 보고서에서, 권고 사항 발표 후 10여 년이 지난 지금 이 분야의 연구

---

[3] 태블릿 등 상호적인 화면에 대한 문제는 다음에 언급한다.

가 점점 더 많아지고 있다고 밝혔다. 연구 결과를 종합하면 만 2세 이하의 영유아는 화면에서 보여주는 이야기를 이해할 수 없으며, 만 2세가 돼서야 서서히 이해하게 된다는 것이다. 2011년 미국소아과학회는 1999년의 권고를 거듭 표명했다. 보지 않고 틀어놓기만 하는 TV 프로그램이든 영유아를 위해 만들어진 교육용 프로그램이든 만 2세 이전 영유아에게 어떤 긍정적인 효과가 있는지 증명할 수 없으며, 오히려 잠재적인 해악만 있을 뿐이라고 말했다.

초기의 연구, 그리고 이후의 실제 상황에서도 소아과학회는 TV 등 미디어가 영유아의 성장에 부정적인 영향을 미친다고 주장했다. 이 문제를 함께 생각해보자.

영유아가 TV를 보는 것은 적합하지 않다

영유아는 TV 프로그램과 현실 세계의 관계를 이해할 수 없다

부모는 반드시 자녀의 연령 또는 월령에 따른 발달과 변화를 이해해야 한다. 그래야만 만 2세 이전의 아이가 TV를 보는 것이 적절한지 아닌지 판단할 수 있다.

첫째, 영유아는 '직감운동 사고'를 한다. 즉, 영유아가 TV를 보는 것이 성인과 다르다는 얘기다. 막 태어난 신생아는 성인과 똑같이 생각할 수 없다. 젖 찾기 반사나 빨기 반사, 쥐기 반사 등 그저 선천적인 무조건반사만 가능하다. 피아제는 만 0~2세의 사고 발달을 '감각운동기'로 정의했다. 이 2년 동안 영유아는 주로 청각, 시각, 촉각 등 감각과 손의 운동으로 세계를 학습하고 인지한다. 이 단계의 사고는 직감운동 사고로, 영유아는 주로 감각 행동을 통해 구체적이고 직접적인 사고를 한다. 뇌과학을 연구하는 심리학자인 질 스탬은 만 0~2세의 영유아가 보는 TV 프로그램은 화면으로 구성된 하나의 의미 있는 이야기가 아니라 빠르게 스쳐 지나가는 화면에 불과하다고 말했다.

어른이 TV를 볼 때는 앞과 뒤, 화면과 화면 사이의 논리적 관계를 이해할 수 있으므로 하나하나의 화면으로 논리적인 이야기를 만들 수 있다. 어른에게 드라마는 하나의 이야기다. 중간에 광고를 방영하더라도 앞의 끝난 부분부터 이어 볼 수 있으므로 중간에 삽입된 광고가 스토리의 기억과 이해를 중단시키지 않는다. 하지만 영유아는 다르다. 아이들에게 광고는 또 다른 이야기다. 드라마가 다시 시작할 때 아이들은 또 다른 새로운 이야기가 시작된다고 생각한다. 아이의 기억과 이해력이 앞뒤 화면의 관계를 알아내고 판단하기에는 부족하기 때문이다. 그러므로 아이들이 너무 일찍 TV를 보는 것은 그저 난잡하고 무질서한 정보를 받아들이는 것밖에 안 된다.

둘째, 만 0~2세의 영유아는 화면상에서 발생한 사건과 현실에서 발생한 사건의 관계를 이해하지 못한다.

많은 부모가 자녀가 TV를 보고 여러 가지를 배웠다고 말한다. 틀린 말은 아니다. 생후 몇 개월 안 된 영아는 모방 능력이 있기 때문에 TV에 나온 사람의 동작을 따라 할 수 있다. 이건 드문 일은 아니다. 하지만 아이들은 종종 화면 속의 물건과 현실 속의 물건을 혼동한다. 예를 들어 9개월 된 아이는 화면상에 나타난 재미있어 보이는 장난감을 현실 속의 장난감으로 착각해 다가가서 손으로 잡으려고 한다. 19개월은 되어야 분명히 판단할 수 있어서 손가락으로 지칭하는 방식으로 그 장난감이 좋다는 표시를 할 수 있다. 게다가 2세 이전의 영유아는 화면 속에서 본 장면을 현실 속 상황에 대입해볼 수 없다.[4]

일련의 연구를 통해 실험자는 한 그룹의 아이들에게 성인이 다른 방에서 물건을 감추는 것을 창문을 통해 보게 했다. 또 다른 그룹 아이에게는 같은 모습을 화면을 통해 보게 했다. 창문을 통해 진짜 사건을 본 아이들은 숨긴 물건을 쉽게 찾았지만 화면을 통해 본 아이들은 그러지 못했다. 이를 '비디오 결핍 현상video deficit effect'이라고 한다. 즉 프로그램을 본 후의 표현이 현실 상황을 보고 난 후의 표현보다 뒤떨어진다는 것이다. 이 현상은 그 외 여러 실험실에서도 증명됐다.[5] 그러므로 현실 속 사람과의 상호작용이 아이의 학습에 매우 중요하다는 사실을 알 수 있다.

연구 결과 이러한 비디오 결핍 현상은 만 30개월 이후 점차 약해진다는 것을 알게 됐다. 그래서 미국소아과학회가 만 2세 이전의 아이는 부모 또는 기타 양육자와 많은 상호작용이 필요하다고 권고한 것이다. 만 30개월 이후에 TV를 봐야 교육적 의미가 있다. 다만 이러한 교육적 프로그램은

---

4   Pierroutsakos & Troseth, 2003.

5   Deocampo, 2003; Hayne, Herbert & Simcock 2003; Krcmar, Grela & Linn, 2007.

반드시 사회적 단서social cues를 담고 있어야 한다. 예를 들어 아이가 프로그램 속의 어떤 역할을 이해하고 관심을 가진다면 많은 질문을 할 것이다. 그러면 중간에 잠시 멈추고 TV를 보는 아이에게 대답을 해준다. 이런 교육 프로그램을 반복하는 것도 만 30개월이 지나야 내용을 이해하는 데 도움이 될 수 있다.

너무 많이, 너무 일찍 TV를 보면 집중력에 문제가 생긴다

많은 부모는 아이가 마치 광고를 이해하기라도 하는 듯 좋아한다고 말한다. 여기서 아이의 집중력이 어떤 특징을 지녔는지를 반드시 짚고 넘어가야 한다.

아이는 태어나면서부터 새로운 사물에 집중한다. 인류의 대뇌가 그렇게 설계됐기 때문이다. 또한 아이는 새로운 사물에 강렬하게 반응한다. 이렇게 해야만 자신의 지식 데이터베이스를 점차 확대할 수 있다. 하지만 같은 물건(정보)을 다시 보여주면 아이의 집중력은 낮아진다. 우리는 이러한 과정을 습관화라고 한다. 이때 아이의 흥미가 떨어졌는지 아닌지는 아이의 주시, 심박, 호흡으로 알 수 있다. 습관화가 발생할 때 새로운 정보만이 다시 흥미와 주의를 불러일으킬 수 있다. 어릴수록 더욱 이 과정에 의존해 외부 세계를 인식한다.

아이는 왜 광고를 좋아할까? 왜냐하면 모든 광고가 아주 짧고 광고와 광고 사이 소리의 변화가 크기 때문이다. 하나의 새로운 광고는 아이에게는 하나의 새로운 사물이어서 흥미를 자극하기에 충분하다. 이러한 현상이 부모 눈에는 아이가 광고를 좋아하는 것처럼 보인다. 사실 아이는 광고를 '보는' 것을 좋아하는 것이 아니라 새로운 사물에 빠져든 것이다. 설령 아이가 새로운 소리 또는 화면에 빠져 광고를 '보더라도', 그 작은 손과 입을 물건에 직접 대보는 것에 훨씬 못 미친다는 사실을 기억해야 한다. 만 2세 이전의 아이는 감각운동기에 있으므로 보는 것으로만 인지하는 것의 학습 효과는 크지 않다.

　TV를 보는 것과 집중력의 관계에 관한 연구도 많다. 여러 연구에서 현재 점점 더 많은 아이가 집중하지 못하는 현상의 원인으로 아이들이 너무 많이, 너무 일찍 TV를 보았기 때문이라고 주장하기도 한다. 워싱턴대학교 디미트리 크리스타키스Dimitri A. Christakis 박사의 2004년 연구 결과에 따르면 만 3세 이전 1시간 이상 TV를 본 아이 중 10%가 7세에 집중력 장애 문제를 겪었다고 한다. 또 다른 연구에서는 TV를 많이 본 만 1~3세 아이가 초등학교 입학 초기 집중력, 기억력, 읽기 등에서 어려움을 겪었다고 지적했다. 엄격히 말해 이러한 연구는 관련성에 대한 연구라서 'TV를 보는 것이 집중력 장애를 초래한다'라는 결론을 직접 도출할 수는 없다. 하지만 많은 비슷한 연구가 TV 시청과 집중력 사이의 관련성을 지적하고 있다. 그러므로 부모는 만 3세 이전의 아이가 TV를 보는 것에 신중한 태도를 가져야 한다.

　한 가지 더 짚고 넘어가자면 나는 부모가 또 다른 극단으로 향하는 것도 바람직하지 않다고 생각한다. 3세 이전 아이에게 잠시 동안의 TV 시청도 허락하지 않아, 손주와 TV를 보고 싶어 하시는 조부모와 갈등을 빚는 것도 옳지 않다. 아이가 몇 분 정도 TV를 보는 것은 그다지 심각한 영향을 미치지 않으며 오랜 시간 보지만 않으면 된다.

TV를 늘 틀어놓는 것만으로도 해를 끼칠 수 있다

또 많은 부모가 집에서 항상 TV를 켜둔다. 그러면서 배경음처럼 켜두는 TV는 아이에게 별 해가 되지 않을 것이라고 생각한다. 아이가 TV를 보는 게 아니라 가끔 한 번씩 눈길을 주는 정도이기 때문이다. 하지만 최근 한 연구는 학령기 이전 유아의 집에서 TV를 켜두기만 하는 것으로도 아이의 사회인지와 사회화 행동에 해가 될 수 있다고 지적했다.

유아에게는 타인에 대한 관점, 의도, 요구, 감정 등을 이해하는 것이 매우 중요하다. 이것이 아이의 사회인지로, 이러한 능력은 아이들이 지식과 언어를 빠르게 배우도록 도와준다. 또한 아이가 한 명의 사회인이 되도록 돕고, 타인과의 상호작용을 학습하도록 하여 사회적 관계를 형성하도록 한다.

타인의 의도를 이해하는 것이 왜 그토록 중요할까? 예를 들어 70~80개월의 아이에게 엄마가 한 나무를 가리키며 "아가, 이것은 나무란다. 나무"라고 말했다면 아이는 엄마가 가리키는 나무를 보고 엄마의 의도를 이해할 수 있다. '아, 엄마는 지금 이 사물의 이름을 알려주고 있구나.' 이것을 공동 주의joint attention라고 하며 아이의 학습에서 기초가 된다. 나아가, 타인의 의도를 이해하는 것은 사회적 관계를 형성하는 데 매우 중요하다. 타인의 어떤 행위를 마주할 때 그것이 선의인지, 악의인지 이해함으로써 자신과 타인의 상호작용을 조정해 자신의 감정을 적절히 전달할 수 있다.

폴리Foley의 연구에 따르면 침실에 TV가 있거나 집에 TV를 켜두는 경우 타인의 바람과 생각에 대한 유아의 이해력이 떨어져 타인과의 긍정적인 관계 형성을 방해한다고 한다. 실험 대상 가정의 연령, 경제, 사회적 지위 등 조건을 제한한 경우에도 이러한 관계는 여전히 성립됐다. 재미있는 것은 부모가 유아와 함께 TV를 보면서 이야기를 나눈 경우에는 타인의 의도, 바람 등을 짐작하는 능력이 양호하게 나타났다는 점이다.

배경음밖에 안 되는 잡음을 내는 프로그램에 아이가 주목하지 않는 것처럼 보이지만, 사실 아이의 사회인지와 사회화 행위에 부정적인 영향을 미친다는 것을 알 수 있다. 부모는 아이가 TV를 보고 단어 몇 개를 깨쳤다거나 밥 먹기 전 손 씻기 등의 규칙을 배웠다는 것을 관찰했을지 몰라도 아이가 타인의 감정, 바람, 생각 등을 짐작하는 데는 해가 됐다는 것을 미처 알아채지 못했다.

사회인지는 다량의 상호작용을 통해 실현할 수 있다. 이 상호작용에는 부모가 항상 아이와 얼굴을 맞대고 의도, 필요, 감정 등의 화제에 대해 이야기 나누고, 아이와 함께 게임을 하는 것 등이 포함된다. 아동은 이러한 경험을 통해 다른 시각으로 자신과 타인의 감정, 요구, 의도 등을 느낄 수 있다. 연구에 따르면 TV를 틀어놓는 것만으로도 부모와 아이가 대화하는 시간이 줄어들거나 부모가 아이를 형식적으로 대했다. 그러므로 무의식적으로 TV를 틀어놓지 않도록 반드시 주의해야 한다. 아이에게 TV를 보여줄 때는 최대한 아이와 함께 소통하고 설명하면서 함께 봐야 한다.

무의식적으로 TV를 틀어놓는 것은 또 다른 문제를 야기한다. 바로 아이의 집중력을 떨어뜨린다는 것이다. 아이가 장난감을 가지고 놀다가 음악의 변화가 나타나거나 화면이 바뀌면 TV에 빠지게 되고, 지금까지 하던 생각과 관찰은 중단된다. 아이는 혼자 관찰하거나 놀고, 상상력을 발휘하고, 문제를 해결하는 방법을 배워야 한다. 이것은 모두 중요한 능력이다. 하지만 항상 TV를 켜둔다면 이러한 능력의 단련을 방해받게 된다.

영유아의 인지 특징, 주의력 특징, 사회인지 특징에 근거해 분석해보면 만 2세 이하의 아이는 TV를 보는 것이 부적절하다. 하지만 넘쳐나는 정보의 시대에 살고 있는 부모는 많은 육아 정보를 접하고 있으므로 이 정도의 답변에는 아마 만족하지 못할 것이다. 어떤 부모는 여전히 '전문적인 영유아 프로그램은 괜찮지 않을까?' 하고 생각할 것이다. 또 태블릿과 같이 상호적이고 오락적인 화면은 TV 같은 수동적인 화면보다 아이의 감각기관을 조절하는 데 응용하기가 더 좋지 않을까 하고 생각하는 사람도 적지 않을 것이다.

교육용 프로그램의 과장된 효과

영유아가 TV를 보는 것이 부적절하다면, 한 가지 의문이 생긴다. 영유아를 위해 특별히 제작된 프로그램은 일반 TV 프로그램과 뭐가 다르지? 〈리틀 아인슈타인〉이나 〈세서미 스트리트〉 같은 어린이 프로그램 제작 회사들이 말한 것처럼 영유아의 발달을 촉진하고 잠재력을 개발할 수 없단 말인가?

먼저 디즈니사의 환불 사건을 보자. 2009년 9월 4일 디즈니가 공고를 냈다. 2004년 6월 5일부터 2009년 9월 4일까지 〈리틀 아인슈타인〉 비디오테이프나 DVD를 구매한 소비자에게 환불해준다는 내용이다. 디즈니의 이러한 조치는 '상업화로부터 자유로운 유년기를 위한 캠페인Campaign for a Commercial-free Childhood'이라는 단체가 장기적으로 조사해온 결과에 따라 취해졌다.

이 단체는 연구 데이터를 근거로 제시하면서 〈리틀 아인슈타인〉이 '교육적이며 아이의 지능을 높일 수 있다'라고 말한 것은 허위 광고에 해당하며 소비자를 기만한 행위라고 주장했다. 〈리틀 아인슈타인〉은 어린이 채널 시장의 90%를 차지하며 매년 2억 달러의 매출을 올렸다. 하지만 앞서 말한 바와 같이, 여러 연구를 통해 만 1~3세에 장시간 TV에 노출시키는 것이 7세에 집중력 문제가 나타나는 것과 관련성이 있다는 사실이 드러났다. 디즈니는 소비자에게 배상하는 조건으로 이 단체로부터 기소당하는 것만은 피했다.

워싱턴대학교의 크리스타키스, 짐머맨Frederick Zimmerman, 멜트조프 Andrew Meltzoff 박사는 다음과 같은 연구 결과를 발표했다. 8~16개월에 〈리틀 아인슈타인〉과 〈세서미 스트리트〉를 본 적이 있는 아이는 이러한 프로그램을 보지 않은 아이보다 언어 발달 표준 측정 점수가 더 낮게 나왔다. 그리고 17~24개월의 유아는 이러한 프로그램의 시청 여부에 따른 언어 발달의 차이가 뚜렷하게 나타나지 않았다. 다시 말해 아이의 지능 발달을 촉진한다고 주장했던 프로그램이 뚜렷한 효과를 보이지도 못했을뿐더러 오히려 해가 됐다는 것이다. 이를 통해 영유아 프로그램이 부모가 생각하는 것처럼 아이의 잠재력을 키워주는 것이 아니라는 사실을 알 수 있다. 오히려 이러한 프로그램을 보지 않을 때 아이는 정상적으로 발달한다.

재미있는 것은 디즈니가 이 연구 결과에 분노하며 반격을 준비했지만 실패했다는 것이다. 디즈니는 자신들이 제작한 프로그램이 영유아의 인지, 언어 능력 발달에 분명히 도움이 된다는 것을 증명하기 위해 노력했지만 지금까지 아무런 증거도 찾지 못했다.

이 환불 사건에 대해 디즈니 측은 이렇게 답변했다. "우리의 우선적인 목표는 부모와 아이의 상호작용을 장려하는 것이다. 우리는 부모와 자녀 사이의 상호작용을 증진하는 방법에 대해 줄곧 연구해왔다. 앞으로도 계속 부모에게 여러 선택지를 제공해 아이와 상호작용할 기회를 늘릴 수 있도록 할 것이다."[6] 교육용 프로그램이 영유아의 잠재력을 자극할 수 있다고 광고하는 회사조차 부모와 아이의 상호작용만큼 영유아의 학습에 중요한 것은 없다는 사실을 분명히 알고 있는 것이다.

그 점은 많은 연구를 통해 실제로 입증됐다. 워싱턴대학교 학습과 뇌과학연구소의 율리우스 쿨Julius Kuhl 박사는 생후 9개월 된 영아에게 책을 읽어주는 실험을 했다. 실험 대상이 영어권 가정이었으므로 실험자가 아이에게 중국어로 된 책을 읽어줘 환경의 영향을 제거했다. 한 그룹의 영아는 사람이 직접 책을 읽어주었고, 다른 그룹의 영아에게는 그 사람이 책을

6   2009년 10월 23일 자 〈뉴욕 타임스〉.

읽어주는 영상을 보여주었다. 그 결과 사람이 직접 책을 읽어준 그룹의 영아는 일부 중국어의 발음을 알아들었지만, 영상을 본 그룹에서는 전혀 알아듣지 못했다.

이 연구는 상호작용이 영유아 학습에서 얼마나 중요한지를 보여준다. 사람이 직접 책을 읽어줄 때는 읽는 사람과 영아 사이에 시선과 정서적 교류가 일어나고, 영아는 책을 읽어주는 사람의 시선을 따라 책을 읽는 사람이 보는 사물을 바라본다. 그러면서 '아, 이 물건의 이름이 그것이구나'라고 이해하게 된다. 영아와 책 읽는 사람이 함께 하나의 사물에 주의하면 (공동 주의) 영아가 이 사물과 음성을 연결할 수 있어 학습이 이뤄지는 것이다. 함께 주의하는 능력이 앞서 설명한 사회인지의 일부분이다. 사람과 직접 상호작용하면 아이의 학습을 촉진할 뿐만 아니라 사회화와 정서 발달까지도 촉진해 건강한 인격을 형성할 수 있다.

그러므로 아이에게 글자나 숫자를 가르치고 싶다면 비디오에 의존하지 말기 바란다. 스스로 가르치는 것이 가장 좋은 방법이다. 아무리 좋은 교육 프로그램이라도 그것은 평면적인 것이어서 진짜 사물을 따라올 수 없다. 화면 속에 아무리 예쁜 꽃이 있더라도 진짜 한 송이 꽃에 비기지 못한다. 영아는 보고, 듣고, 만져보면서 꽃을 인식한다. 화면을 통해 아이에게 물을 가르치기보다는 졸졸 흐르는 물소리를 듣게 하고 손으로 흐르는 물을 만져보게 하고 발을 담그고 물을 튀겨 물보라를 보게 하는 편이 낫다. 앞에서 설명했듯이 만 0~2세의 영유아는 여러 가지 감각과 손의 동작을 통해 생각한다. 이렇게 여러 가지 감각으로 얻은 체험이야말로 가장 현실

적이고 직접적인, 아이에게 가장 유리한 학습 방법이다.

이제 영유아에게 상호적인 학습 방식이 가장 좋다는 사실이 입증됐다. 그렇다면 양방향성이 강한 태블릿 등은 아이의 여러 감각기관을 자극할 수 있으니 가장 좋은 선택이 아닐까?

진짜 사람과의 상호작용이 상호작용형 화면보다 유익하다

미국소아과학회는 아이가 태블릿 등을 가지고 노는 시간을 '상호작용형 화면 시간'으로 규정했다. 현재 상호작용형 화면 시간에 대한 연구는 수동적 화면 시간에 대한 연구만큼 많진 않다. 다만 양방향형 게임이 유익하다는 명확한 증거도 없다. 학회는 현재 연구를 토대로 부모들이 신중한 태도를 취해야 한다고 권고한다.

현시대에 태어난 아이를 '디지털 네이티브digital natives'라고 부르기도 한다. 뉴욕의 한 조사에 따르면, 생후 11개월의 아이가 터치형 전자제품을 사용하기 시작했다고 한다. 이렇게 점점 더 많은 부모가 아이에게 책이나 장난감 대신 터치형 전자제품을 쥐여주고 있다. 하지만 영유아의 대뇌에 미치는 전자제품의 영향에 대해서는 아직 명확한 결론이 나지 않았다. 많은 연구기관은 전자제품이 일대일의 교류나 게임을 대신할 수 없다고 말한다. 또한 아이가 말을 할 수 있는지 아닌지와 상관없이 항상 아이와 이야기를 나누고 아이와 간단한 놀이를 해야 한다고 권고한다. 진짜 사람과의 상호작용은 아이의 학습과 기타 방면의 발달을 촉진하는 가장 좋은 방법임을 잊어서는 안 된다. 사람과 대화하고 놀이하는 것은 영유아가 신경세포를 더 효과적으로 연결하도록 도와주며 대뇌 속에 복잡하고 효율적인 교통망을 형성하도록 해준다.

전자제품 없이는 아이가 심심해한다고 걱정하는 부모도 있다. 심지어 야구장에서 한두 살 된 아이에게 태블릿이나 스마트폰을 보여주고 부모는 야구 관람을 즐기는 것을 본 적이 있다. 아이들은 이런 물건이 없어도 전혀 심심해하지 않는다. 아이에게 이 세상은 온통 신기한 것들뿐이다. 이러한 전자제품이 없던 어린 시절, 우리는 친구들끼리 풀밭을 기어오르거나 나뭇잎을 가지고 놀거나 땅을 파면서 지루할 틈 없이 즐겁게 놀지 않았는가.

게다가 심심한 것은 나쁜 일이 아니다. 매사추세츠 공과대학 사회학과 셰리 터클Sherry Turkle 교수는 부모가 전자제품에 너무 많은 기대를 하고 있고, 과도하게 의지하고 있으며, 부모와 자녀의 상호작용을 중요하게 생각하지 않는다고 지적했다. 터클 박사는 다른 많은 아동심리학자와 함께 부모와 영유아가 함께 책을 읽으며 대화하고 노는 것은 부모와 영유아 간의 정서를 연결해주며, 영유아의 인지 발달만이 아니라 정서 발달에도 도움이 된다고 주장했다. 또한 아이가 혼자 노는 방법도 배워야 한다고 말했다. 혼자 있는 동안 아이는 자발적으로 탐색하고 사고할 수 있다. 전자제품이 아이들의 시간을 너무 많이 빼앗아서 혼자 있는 법을 익히지 못하게 하고, 혼자 놀고 생각할 시간조차 주지 않는 것은 우려스러운 일이다.

아이에게 가끔 태블릿을 가지고 놀게 하는 것은 큰 문제가 아닐 것이다. 하지만 시간이 길어지면 좋지 않다. 때로는 생활 속의 물품을 버림으로써 의도치 않은 수확을 얻을 수 있다. 큰아이가 초등학교 1학년이 됐을 때 집에 있던 유아용 장난감을 몽땅 버린 적이 있다. 장난감이 부족해지자 두 아이의 상상력과 언어 표현이 오히려 더 늘었다. 놀이를 할 때 언어로 표현해야 하고, 대신할 것들을 스스로 찾아내거나 만들어야 했기 때문이다. 한번은 벽에 붙여놓은 지도를 돌돌 말더니, 큰아이는 그 안으로 들어가고 둘째가 밖에서 '우우웅' 하는 소리를 내며 놀았다. 아이들은 그것이 우주선이라면서 몇 초 후 다른 은하계에 도착했다고 말했다.

조금 큰 아이들에 대해서라면 태블릿을 가지고 노는 것을 허락하되 1시간 이내로 제한하는 것이 바람직하다. 2013년 5월 미국 정신의학회는 〈정신 장애 진단 및 통계 편람the Diagnostic and Statistical Manual of Mental Disorders〉에 '인터넷 사용 장애Internet Use Disorder, IUD'라는 단어를 추가했다. 연구에 따르면 전자제품의 사용이 생활습관을 바꿀 뿐만 아니라 대뇌를 변하게 한다고 한다. 전자 게임은 다른 중독성 물품과 마찬가지로 인간의 대뇌에서 많은 도파민dopamine을 분비시킨다. 이 화학물질은 사람을 즐겁게 해 자신도 모르게 빠져들게 한다. 만약 유년기에 항상 전자 게임에 빠져 있어 많은 도파민이 분비됐다면, 대뇌가 이를 더 촉진하도록 할 것이므로 여러 문제를 야기할 수 있다.

어떤 아이들은 놀이를 할 때는 완전히 집중하면서 수업시간에는 전혀 집중하지 못하기도 한다. 코네티컷대학교의 존 살라만John Salamane 교수는 이것이 도파민과 관계있다고 주장했다. 그는 도파민이 인간을 즐겁게 해줄 뿐만 아니라 '동기'와도 관계가 있다고 생각했다. 사람이나 동물은 대뇌에서 도파민이 적게 분비될 때, 단순히 즐거움만을 위해서가 아니라 동기에 의하거나 이해득실을 따져 그 일을 할지 말지 판단한다는 것이다. 하지만 항상 게임에 자극을 받던 아이는 수업과 같이 평범환 환경에서는 집중하기 어려워졌고, 이것이 아동의 내재적 동기에 해가 됐다는 것이다.

　소위 말하는 디지털 시대에 살면서 모든 전자제품이나 프로그램을 엄청난 재앙으로 인식해 멀리할 필요는 없다. 만 3~6세의 아이가 교육용 프로그램을 적당히 보는 것은 초등학교 입학 이후의 학업에 도움이 된다는 연구도 있다. 하지만 오락성 프로그램은 학습할 시간이나 다른 사람과 교류할 시간을 줄이며 학업 성취도 면에서도 부정적으로 나타났다.

　결국은 '적절히'가 중요하다. 부모는 아이가 몇 살인지, 그 시기의 발달 특징이 무엇인지 고려해서 적절히 선택하고 사용하게 하여 아이가 다양한 경로를 통해 학습하고 균형 있게 발달할 수 있도록 도와야 한다.

미디어는 신중하고 효율적으로 이용해야 한다

현대 사회에서 영유아를 TV나 전자제품과 완전히 격리하는 것은 불가능하다. 가장 중요한 것은 부모와 아이가 함께하는 시간이다. 가장 주도적이며 효과적인 학습은 자신의 감각과 운동, 사람과의 상호작용에서 이뤄진다.

일부 부모는 전자책의 발음이 사람보다 더 정확하므로 자신이 가르치는 것보다 낫다고 생각해 전자책으로 상호작용을 대신하기도 한다. 하지만 이것은 소탐대실의 결과를 가져온다. 자녀와의 상호작용과 전자제품의 사용에서 어떻게 균형을 잡을 것인지 다음의 몇 가지 팁이 도움을 줄 것이다.

TV 보는 시간을 제한한다

만 2세 이하의 아이에게는 되도록 TV를 보여주지 말고, 봐야 할 때는 하루 15분 이내로 제한한다. 만 2~3세 아이의 경우에도 매일 30분을 넘지 않도록 한다. 만 3세 이상이면 아이와 함께 시간을 조율해보는 것도 좋다. 미국에는 〈도라 디 익스플로러〉나 〈미키 마우스 클럽하우스〉 같은 양질의 교육용 프로그램이 많이 있는데, 대부분 한 편에 30분 정도다. 아이와 함께 하루에 몇 편을 볼지 얘기를 나눠볼 수 있다. 나는 '반드시 몇

분' 하는 식으로 엄격하게 제한하기보다는 보통 한 편을 보도록 했다.

적절한 프로그램을 선택한다

3세 이하의 아이에게는 되도록 화면 전환이 느린 프로그램을 선택하는 것이 좋다. 예를 들어 〈리틀 아인슈타인〉은 숫자를 설명하거나 물과 같은 것을 소개하는 프로그램이라서 화면 전환이 비교적 느린 편이다. 이러한 프로그램은 아이의 집중력과 논리적 이해에 그다지 큰 부담을 주지 않는다.

또한 줄거리가 없는 프로그램을 선택하는 것이 좋다. 〈바니와 친구들〉은 편마다 주제가 있고 노래와 놀이 위주로 짜여 있으며, 스토리는 없는 편이다. 〈꼬마기관차 토마스와 친구들〉은 화면에 등장하는 사람은 모두 움직이지 않고 기차만 움직인다. 그리고 모든 이야기가 매우 짧다. 변화가 느린 화면, 짧은 스토리가 영유아가 보기에 비교적 적합하다.

그 밖에 유익한 교육용 프로그램 역시 아동의 발달 특징에 맞춰 시청 시간을 조절한다. 새로운 〈세서미 스트리트〉는 흐름이 느리고 이야기와 대사가 더욱 정확해서 아이가 이해하고 받아들이기 훨씬 쉬워졌다.

부모가 함께 본다

아이는 한 프로그램을 계속해서 보기를 원한다. 아이가 한 프로그램에 익숙해진 후에는 일시정지를 시켜 화면을 멈춘 뒤 손가락으로 화면의 사물을 짚어가며 함께 이야기해볼 수 있다. 〈바니와 친구들〉은 1편에서 주인공들이 동물원에 간다. 부엉이를 놓아줄 때 바니의 친구 BJ는 부엉이가 "우- 우-" 하며 운다고 말한다. BJ가 말하기 전에 일시정지 버튼을 누르고 아이에게 "이건 어떤 동물일까?", "부엉이는 어떻게 울지?" 등을 물으며 아이와 문답을 해볼 수 있다. 5~10초 기다려도 아이가 대답하지 않는다고 당황할 필요는 없다. 다시 플레이 버튼을 눌러 BJ가 하는 말을 들으면 된다. 그러면서 다시 "아, 부엉이는 이렇게 우는구나. 우- 우-. 우리도 따라 해볼까?"라고 함께 부엉이 울음소리를 흉내 내본다. 이렇게 함께 TV를 보면 혼자 TV를 볼 때 나타나는 부정적인 영향을 줄이고 아이의 적극적인 사고와 엄마와의 상호작용을 촉진할 수 있다.

프로그램을 책이나 생활과 연결한다

〈바니와 친구들〉, 〈꼬마기관차 토마스와 친구들〉, 〈꼬꼬마 꿈동산〉, 〈세서미 스트리트〉 등은 책으로도 나와 있다. TV 프로그램과 관련 도서를 함께 보는 것도 좋다. 프로그램을 보면서 인물과 화면에 익숙해진 후 관련 책을 읽어주면 아이는 친근감과 흥미를 느낄 수 있다. 이런 방식을 통해 독서에 흥미를 높일 수 있다. 그리고 프로그램을 통해 배운 내용은 실생활과 최대한 연결한다. 〈리틀 아인슈타인〉에서 물을 소개하는 프로그램을 봤다면 아이와 진짜 물을 느껴보는 것이다. 물을 가지고 놀거나 비가 오는 것을 보거나, 조건이 된다면 아이를 데리고 바다에 가는 것도 좋다. 〈바니와 친구들〉에서 주인공들이 동물원에 가는 것을 본 후라면 아이와 함께 동물원에 가본다. 이렇게 하면 아이는 프로그램을 통해 본 것과 진짜 사물을 연결해 깊이 이해할 수 있다.

화면 이외의 활동 기회를 늘린다

부모는 아이가 볼 프로그램을 선택하고 매번 볼 시간을 의논하면서, 다른 한편으로는 TV나 태블릿 이외의 다른 활동 기회를 되도록 많이 제공해줘야 한다. 부모와 함께 놀거나 책을 보거나 바깥 놀이를 하거나 다른 친구들과 함께 노는 것 등이다. 아이는 부모나 다른 친구들과 상호작용을 하며 놀면서 학습할 수 있다.

아이가 TV나 교육용 프로그램을 볼 때 부모가 완전히 관여하지 않는 것은 영유아의 발달에 좋지 않다. 미국의 한 연구는 저소득층 아동의 TV 시청 시간이 지나치게 길다고 지적했다. 거주 지역의 치안 문제 때문에 밖에 나가 놀 수 없고, 부모가 시간적으로나 경제적으로나 여유가 없어 함께 놀아주기가 어렵기 때문이다. 저소득층 가정의 아이들은 보통 오락 프로그램을 보며, TV를 시청하는 시간도 상당히 길다. 그래서 비만이나 독서 시간 감소로 인한 학업 성취도 하락, 또래와의 교류 감소로 인간관계나 감정 제어 능력이 정상적으로 발달하지 못하는 문제 등이 발생한다.

이상의 다섯 가지 제안을 보고 한 아빠는 자신도 기본적으로 이 제안을 따르고 있다고 말했다. 자신이 먼저 프로그램 한 편을 다 본 후 아이가 보기에 적합한 프로그램을 선택하는데, 딸이 이해하기 어려울 것으로 판단될 때는 그림책을 먼저 보고 어느 정도 이해할 수 있을 때 함께 보았다고 한다. TV는 항상 함께 보면서 옆에서 설명해주었으며, 보고 난 후에는 그림책이나 실험 등을 통해 복습하고 토론했다고 한다. 딸을 데리고 수족관, 동물원을 데리고 다니는 등 체험도 게을리하지 않았다고 한다. 그뿐 아니라 딸과 함께 과학물이나 해양 다큐멘터리를 보고 난 후 수족관에 가서 실제 동물을 관찰해보기도 했으며, 수족관에서 새로운 동물을 보거나 흥미로운 습성을 관찰했을 때는 집에 돌아와 관련 서적을 찾아보기도 했다고 한다.

모든 부모가 이 아빠처럼 보이지 않는 뒷바라지를 하며 아이와 함께 프로그램을 시청하고 구체적인 체험까지 곁들여준다면, TV 시청을 나쁘다고 말할 수 없을 것이다. 바람직한 상호작용을 비롯하여 내재적인 학습 동기와 흥미 유발이 충분하기 때문이다.

제**5**장

규칙이
천성을
억압할까?

규칙을 정하고 실행하는 과정에서 아이의 심신 발달 규율과 개별적인 특징을 이해하고 존중해야 아이의 본성을 억제하지 않을 수 있다. 부모는 아이의 감정에서 출발해 애정과 이해로써 아이의 협력을 얻어내야 한다. 아이는 자신의 본성에 맞는 규칙을 통해 자유의 경계를 이해할 수 있다.

규칙이라고 하면 부모들은 반감부터 드러낸다. 자녀가 유년기를 즐겁고 자유롭게 보내도록 해주고 싶어 하는 신세대 부모에게 규칙은 속박이나 금지, 반항과 동일하게 인식되는 듯하다. 지금의 부모 세대는 어린 시절 대부분 자신의 부모로부터 억눌려본 경험이 있기 때문에 '규칙'이란 단어에 반감을 갖고 '자유'와 '구속됨이 없는 상태'를 지향한다. 규칙에 대해 선입견을 가지고 있는 것이다. 그래서 많은 부모가 아이가 어렸을 때 구속하지 않고 규칙을 만들지 않는다. 유치원에 다닐 때쯤엔 '아직 어리니까,

크면 알게 되겠지'라며 넘어간다. 그러다가 초등학교에 입학하면 서서히 마음이 급해진다. 단체생활에 적응해야 하는데, 행동 문제가 서서히 드러나고, 그것이 학업에도 영향을 주기 때문이다. 이런 모습은 흔치 않게 볼 수 있다.

한 엄마가 블로그를 통해 물어왔다. "저는 아이에게 미국식 교육을 시키고 싶어요. 아이가 어린 새처럼 파란 하늘을 자유롭게 날고 행복하게 성장했으면 좋겠어요. 그래서 아이가 어렸을 때부터 전적으로 존중하고 억제하지 않았어요. 그런데 초등학교 3학년이 된 지금 학교생활에 적응을 못 해요. 처음에는 수업시간에 선생님 말씀을 잘 듣지 않거나 숙제를 안 해가더니, 이제는 컴퓨터에 빠져 있어요. 어디서부터 잘못된 것인지, 너무 혼란스러워요."

'자유자재' 양육의 결말이 결코 아름답지만은 않은 듯하다. 이 세상에 절대적인 자유는 존재하지 않는다는 사실을 모두 알고 있다. 누구나 한 사람의 사회인으로서 일정한 규칙을 따라야만 한다. 아이도 마찬가지다. 한 사람의 사회인이 될 터이니 마땅히 어렸을 때부터 일정한 규칙을 따르는 의식을 길러줘야 한다. 아마 이것은 모든 부모가 이해하고 받아들일 수 있을 것이다. 문제는 어떻게 하면 아이의 개성을 살리면서 규칙도 따르게 하느냐는 것이다.

물론 많은 부모가 규칙을 세워봤을 것이다. 하지만 실행하기 어렵다는 게 문제다. 대부분의 부모 또는 조부모는 아이가 우는 것을 두려워한다. 아이가 카시트에 앉기 싫다고 울어대면 앉히지 않는 부모가 있다. 하지만 이것이 정말 아이에게 좋은 일일까? 왜 규칙을 세울 마음은 있는데, 실행하지 못하는 걸까? 어떻게 해야 아이가 규칙을 따르게 할 수 있을까?

우선, 의식적인 면에서 바뀌어야 한다. 부모에게 규칙이 과연 어떤 의미인지부터 살펴보자.

규칙은 교양이지 금지가 아니다

많은 부모가 '규칙'이라고 하면 무엇인가를 못 하게 하는 것으로 인식한다. 사실 만 0~3세의 영유아에게 규칙이란 일정한 생활습관을 만드는 데 의미가 있다.

규칙은 아이에게 일정한 습관을 길러준다

아이의 생활에서 규칙은 일정한 습관을 길러주는 것이 대부분을 차지한다. 아이들은 일상생활 속에서 관찰하고 생각하며 학습한다. 아이들은 익숙한 생활 질서를 좋아하고, 반복적이고 규칙적인 생활이 아이에게 안정감을 주며, 이러한 과정에서 아이들은 습관이라는 것이 존재함을 인식하고 점차 습관을 만들어간다.

우리 집에서 아이들은 어렸을 때부터 밥을 먹을 때 자기 의자에 앉아서 먹었다. 아이들은 항상 그렇게 해왔기 때문에 이것을 당연하게 생각한다. 그러므로 나는 '밥을 먹을 때는 반드시 자기 의자에 앉아서 먹는다'라는 규칙을 굳이 만들 필요가 없었다.

　큰아이가 네 살, 작은아이가 두 살 무렵 중국에 귀국한 적이 있었다. 새로운 환경으로 들어서자 아이들의 습관이 깨져버렸다. 작은아이는 밥 먹을 때 앉아 있지 못했고, 외할아버지는 아이가 배고플까 봐 밥그릇을 들고 쫓아다니며 먹이셨다. 그래서 작은아이는 외가에 가면 밥을 먹을 때 돌아다니거나 놀면서 먹는 습관이 생겨버렸다. 나중에 외할머니가 이러면 안 된다고 말하며 고쳐보려고, "밥 먹을 때는 반드시 자기 자리에 앉아서 먹는 거야"라고 단호하게 말했다. 그때 나는 외출 중이었는데, 집에 들어가자 밥 먹을 때의 규칙을 두고 실랑이가 벌어지고 있었다.

　이 에피소드는 처음부터 좋은 습관을 들이는 게 왜 중요한지를 여실히 보여준다. 처음부터 습관을 잘 들여야지, 그러지 않고 나쁜 습관이 생긴 이후에 바로잡으려고 하면 규칙을 만들어야 한다. 이렇게 되면 규칙이 금지하는 것으로 인식될 수 있고, 규칙을 실행하는 데 반감이 생기게 된다. 규칙적인 생활 질서를 만들어 아이가 생활의 '규칙적인 행동'에 대해 예견하고 기대할 수 있도록 하면, 습관이 길러지고 규칙이 곧 금지라는 생각은 하지 않게 된다.

아이는 규칙을 통해 안전의 경계를 이해한다

　만 3세 이전의 규칙은 아이 자신의 안전을 지켜주며 타인과 공공 사물을 해하지 않도록 한다. 이것은 '어른들의 편의를 위해 규칙을 세워 아이의 행동을 제한하는 것'과는 구분된다. 아이는 기기 시작하면서부터 스스로 탐색할 수 있다. 이 시기에 부모가 해야 하는 일은 집 안 환경을 안전하게 유지하는 것이다. 아이를 다치게 할 수 있는 물건을 치우고 책상 모서리를 감싸고 전원 콘센트에 안전커버를 끼우는 등 예방적 조치를 함으로써 아이가 마음껏 탐색할 수 있도록 하는 것이지, 온종일 아이 뒤에서 이 것도 못 하게 하고 저것도 못 하게 하는 것이 아니다. 부모가 자기의 편의를 위해 위험한 물건을 그대로 둔 채 아이가 온 집 안을 뒤집어놓으며 탐색하지 못하게 한다면 이런 '규칙'이야말로 아이의 탐색 욕구를 제한하고 아이의 본성을 구속하는 것이 된다.

안전 규칙이란 무엇일까?

예를 들면 주차장 규칙이 있다. 막 걸음마를 시작한 아이는 차에서 내리자마자 뛰어다니고 싶어 발버둥 친다. 부모는 아이를 차에서 내려주기 전에 주차장에서 함부로 뛰어다니다가는 사고가 날 수 있으므로 조심해야 한다고 분명히 말해둔다. 그러면 아이는 어떻게 반응할까? 차에서 내린 아이는 어른의 손을 잡거나 어른의 옷깃이나 가방을 잡는다. 차에서 내린 후 '누가 먼저 차 문에 손을 대나' 게임을 하면서 아이가 차에서 내린 후 뛰어다니지 않고 스스로 차에 가까이 서도록 하는 현명한 엄마도 봤다.

또는 놀이터 규칙이 있다. 일단 아이에게 다른 친구가 그네를 탈 때 그네에서 억지로 내리게 하면 친구가 다칠 수 있으므로 그렇게 해서는 안 된다고 말한다. 그리고 다른 친구가 그네를 탈 때 다가가면 부딪힐 수 있으므로 매우 위험하다고 말하며 아이에게 그네 규칙을 설명해준다. "우선 기다리거나 '나는 언제쯤 탈 수 있니?'라고 물어보렴. 아니면 다른 놀이기구를 먼저 타렴."

부모는 규칙을 설명할 뿐만 아니라 해결 방법까지도 제안함으로써 아이가 스스로 선택하고 결정하며 자신의 주동성을 발휘할 수 있게 한다.

이제 우리가 만든 규칙이 아이를 제한하거나 아이의 반대편에 서서 관리하는 것이 아니라는 사실을 알게 됐을 것이다. 반대로 필요한 규칙을 정하는 것이 아이가 양호한 행동 규범을 세우고 인간관계를 배우고 자신과 타인의 안전을 위한 일임을 알 수 있을 것이다. 사실 규칙은 '금지'가 아니라 '교양'에 가깝다.

내가 사는 마을에서는 여름이 되면 파티가 열려 아이들이 모여서 즐겁게 논다. 한번은 큰아이의 친구 하나가 다가와 말했다. "친구를 저희 집에 초대해서 놀아도 될까요? 저희 집은 ○호예요. 저희 형이 데리고 갔다가 다시 데려다줄 거예요." 뒤에 서 있던 고등학생 형이 말했다. "걱정 마세요. 제가 안전하게 놀도록 지켜줄게요." 사실 우리 집과 그 아이의 집은 몇백 미터도 떨어져 있지 않고, 그 사이에는 차도 잘 '다니지 않으며 다닌다고 하더라도 서행하는 구간이다. 이 아이는 어려서부터 안전 규칙을 배워왔기 때문에 12세 미만의 아이가 혼자서 길을 갈 수 없다는 것을 알고 형에게 부탁한 것이다. 형 역시 믿음직스럽게도 나에게 먼저 인사를 건넸다. 이것은 모두 어려서부터 규칙을 세운 덕분이다.

규칙 의식이 있어야 단체생활에 잘 적응할 수 있다

유치원을 졸업하고 학교에서 단체생활을 하게 되면 사회적 규칙을 반드시 배워야만 한다. 규칙 의식을 가져야만 입학 후 생길 수 있는 여러 문제를 피할 수 있다. 초등학생이 되면 아이의 행동이나 학업에 대한 요구가 유치원 때보다 높아진다. 아이가 학교에 입학할 때까지 아무런 규칙 의식을 갖지 못한다면 학교생활에 적응하는 데 어려움을 겪게 된다.

한 엄마가 이렇게 고민을 털어놨다. "우리 아이가 1학년이 됐을 때 교실에서 돌아다녀서 선생님께 꾸중을 들었어요. 아이가 아직 어리니, 가만히 앉아 있지 못하는 게 당연한 거 아닌가요? 제 생각엔 선생님께서 나무라시는 것이 너무하다고 생각해요. 아이 기만 죽이는 게 아닐까요?" 이 엄마의 시각은 온전히 자신의 아이에게만 한정돼 있으며 아이가 규율을 따르도록 하는 것이 천성을 억누르는 거라고 생각한다.

하지만 완전히 자유로운 세계는 없는 법이다. 당신의 아이에게 교실에서 돌아다닐 자유가 있다면 다른 학생들에겐 수업에 집중할 자유가 있다. 담임선생님이 마음대로 돌아다니는 아이를 통제하지 않으면 다수의 학생은 열심히 수업을 들을 자유를 빼앗기게 된다. 그러므로 이 엄마와 같이 생각했다면 반드시 생각을 바꾸고, 아이가 어떻게 해야 수업시간에 앉아 있을 수 있을지 선생님과 의논하는 것이 바람직하다.

선생님과 부모는 아이의 천성과 단계별 발달 특징을 반드시 이해해야 한다. 대여섯 살 된 아이라면 자기 통제력이 떨어지는 것은 당연하므로 가만히 앉아 있는 것조차 어려울 수 있다. 이건 아이의 잘못이 아니므로 나무라지 말고 손동작이나 도구 등을 이용해 구체적으로 알려줘야 한다.

미국의 선생님은 간혹 귀가 그려진 그림을 아이가 손에 들고 있도록 한다. 아이들은 눈에 그림이 들어오거나 손의 그림이 느껴지면 '아, 선생님 말씀을 들어야지' 하고 다시 집중했다. 때로 선생님과 학생이 특정한 손동작을 정해두고, 조용히 해야 할 때 선생님이 그 손동작으로 아이들의 주의를 환기하기도 한다. 아직 어리기 때문에 여러 가지 방법을 동원해 아이들의 주의를 끌면서 천천히 습관이 들도록 하는 것이 좋다고 생각한다. 이렇게 하면 아동의 신체적·정신적 특징을 존중하면서 규칙을 지킬 수 있게 하고, 아이들의 마음을 다치게 하지도 않는다. 아이들이 수업시간에 앉아 있지 못하는데도 내버려 두고 통제하지 않거나, 그 반대로 고압적인 자세로 엄격하게 혼낸다면 아이는 상처받게 된다.

아이들은 규칙을 통해 학습 습관을 들인다

학령기 아동에게는 학교 규칙이나 인간관계에서 필요한 규칙 이외에 학습에 대한 습관도 필요하다.

많은 사람이 미국의 자유로운 교실 분위기를 보며 미국의 초등학교는 아무런 구속이 없다고 생각한다. 사실 미국 초등학생은 어떤 생각을 하거나 그 생각을 표현하는 데에는 아무런 구속도 받지 않지만, 행동에서는 많은 제한을 받는다. 교실 벽에는 여러 감정을 표현한 그림이 붙어 있어 자신의 감정을 인식하는 데 도움을 주고 적절히 표현하도록 해준다. 전문적인 행동지도 과목도 있다. 이 과목에서는 선생님이 인형극을 통해 각각 다른 상황에서 어떻게 해야 하는지 보여주기도 한다.

아이들은 매주 행동 성적표와 학습 습관 성적표를 집으로 가져간다. 학습 습관에 다음과 같은 문제가 있다면 감점이다. 예를 들면 다음과 같은 경우다.

- ★ 과제할 때 지시에 따르지 않는다.
- ★ 과제를 열심히 하지 않는다. 시간을 적절히 활용하지 못한다.
- ★ 과제를 깨끗하게 하지 않는다.
- ★ 한 가지 일이 끝나고 다른 일로 넘어갈 때 집중하지 않거나 다른 친구를 방해한다.
- ★ 개인 물품 또는 학교 공용 물품을 잘 간수하지 못한다.

선생님은 보통 카드를 사용한다. 행동이 양호한 날에는 그린카드를, 규칙을 한 번 위반한 날에는 옐로카드를, 규칙을 두 번 위반한 날에는 오렌지카드를 주고 쉬는 시간을 일부 빼앗는다. 아이들은 행동 성적표를 부모님께 가져가 사인을 받아야 한다. 여러 번 위반했을 때는 레드카드를 받고 쉬는 시간을 빼앗기며, 이날도 마찬가지로 행동 성적표를 집으로 가져가 부모님의 사인을 받아야 한다. 매우 심각할 때에는 블랙카드를 받는다. 블랙카드를 받으면 쉬는 시간을 빼앗길 뿐만 아니라 행동 성적표를 가져가 부모님께 사인을 받아야 하고, 선생님이 학부모에게 전화를 하며, 부모는 교장과 면담을 해야 한다. 이처럼 미국 아이들은 행동에서는 많은 제약을 받고 있다. 그리고 요구받는 것도 매우 많다. 초등학교 시절에 좋은 학습 습관을 들여야 고학년이 됐을 때 자신의 시간을 스스로 관리해 효율적으로 학습할 수 있기 때문이다.

규칙을 정하는 것은 잘못된 것이 아니다. 예컨대 '수업시간에 돌아다니지 않기'라는 규칙은 잘못된 것이 아니다. 핵심은 아이의 특징을 이해하고 존중하는 것이다. 아이의 이해력, 사고력, 실천력은 아직 미성숙하다. 이것은 우리가 반드시 직면해야 하는 현실이다.

규칙 제정의 중요성을 이해했다면 부모들이 관심을 가지고 있을 실천 문제에 대해 생각해보자. 규칙을 정하고 실천하는 과정에서 어떻게 아이의 개성을 지켜낼 수 있을까?

규칙이 천성을 제한하진 않는다

규칙과 자율적인 개성의 대립 관계를 깨고 그 근본을 따지면 바로 두 가지 핵심 문제가 나온다. 첫째, 우리가 세운 규칙이 아동 발달의 규율을 존중하고 있는가? 둘째, 우리가 규칙을 실천하는 과정에서 아이의 신체와 마음의 특징을 존중했는가?

아이가 자유롭게 생각하게 하자

규칙이 아이의 발달 규율에 부합한다면 아이의 천성을 억압할 일은 없다. 나는 우리 아이들이 다니는 학교에서 봉사활동을 하고 있는데, 교실 밖 벽에 종종 아이들의 과제가 붙어 있는 걸 본다. 글짓기나 만들기, 그림 등의 작품을 보다 보면 생각지도 못한 아이들의 발상에 나도 모르게 웃음이 나오기도 한다. 아이들은 저마다 개성이 있고, 흥미를 가지는 분야가 다르며, 자신이 생각하고 느낀 것을 자유롭게 표현한다. 미국의 유아 교육은 아동의 심신 발달 규율을 존중하며 아이들이 모두 특별한 인격체라는 사실을 바탕으로 한다. 그런 분위기 속에서 아이들은 스스로 생각하고 자기 생각을 자유롭게 표현할 수 있다.

하지만 미국의 유치원이든 초등학교든 아이의 행동에 대해서만은 제재를 한다. 수업시간에 자기 생각을 표현하는 것은 좋지만 떠들어서는 안 되며 발표할 때도 손을 들고 지명을 받아야 한다. 다행히도 아이들의 개성과 상상력은 이러한 규범으로 파괴되지 않는다. 아이의 상상을 제한하거나 조롱하지 않기 때문이다. 어느 해 크리스마스 때, 큰아이가 받아온 과제 중 글쓰기가 있었다. 학교에서 산타 할아버지와 루돌프 이야기를 읽었는데 자신이 루돌프가 되어 썰매를 끌고 싶은지, 아니면 끌고 싶지 않은지 산타 할아버지를 설득하는 글을 써오라는 과제였다. 이 과제도 교실 밖 벽에 붙었다. 어떤 아이들은 하고 싶다고 썼고 어떤 아이들은 하고 싶지 않다고 썼는데, 저마다의 이유가 있었고 아주 기괴한 이유도 있었다. 아이들의 상상력에 감탄하지 않을 수 없었다.

지키지 못할 규칙은 정하지 않는다

규칙 자체가 아이의 개성을 억누르지는 않는다. 다만 그러려면 규칙이 매우 분명하고 해당 연령의 아이가 지킬 수 있는 것이어야 한다는 전제가 필요하다.

예를 들어 유치원 선생님이 이야기를 들려주는 시간이라면 '선생님이 이야기하실 때는 소란피우지 않기, 다른 친구가 발표할 때 끊지 않기, 하고 싶은 말이 있을 때는 손을 들기' 같은 규칙이 있을 수 있다. 이러한 규칙은 이야기를 들을 때 하면 안 되는 일을 구체적으로 설명해주며, 그 밖의 것에 대해서는 허용한다. 아이는 앉아서 들을 수도 있고 엎드려서 들을 수도 있다. 다른 사람이 하는 말을 끊지만 않으면 예의를 지킨 것이다.

다른 사람의 말을 끊지 않는 것은 다섯 살 아이가 충분히 지킬 수 있는 규칙이다. 그런데 만약 아이에게 지나친 규칙을 요구한다면 어떨까? 아이의 적극성은 줄어들 것이다. 여기에 선생님까지 엄격하게 대한다면 아이의 적극성은 한 번 더 타격을 받게 된다. 아이는 그렇게 높은 요구를 따를 방법이 없는데도 선생님의 요구를 받아들여야 하기 때문이다. 게다가 부모까지 규칙을 지키지 못한 것을 나무란다면 아이의 마음이 얼마나 상처를 입겠는가. 이런 식으로는 결국 좋은 방향으로 나아가지 못하고 오히려 문제 행동이 늘어나기만 할 것이다.

구체적인 규칙을 세우자

아이의 이해력과 제어 능력에는 한계가 있다는 사실을 기억해야 한다. 규칙이 이미 정해져 있다 하더라도 인내심을 가지고 계속 일깨워줘야 한다. 규칙을 지키는 습관은 마술봉처럼 단번에 생성되는 것이 아니라 어느 정도의 시간이 지나야 몸에 붙기 때문이다. "자, 알아들었지? 지금부터 이 규칙을 반드시 따라야 하고 만약 어기면 벌을 줄 거야"라고 해서는 안 된다. 이것은 아이에게 불공평하며 아이의 천성을 해칠 수 있다. 우리는 성인으로서 아이 입장에 서서 이해하고 계속해서 일깨워줘야 한다. 아이는 일단 규칙을 입력하면 착오 없이 실행할 수 있는 로봇이 아니다.

작은아이가 어린이집에 등원하기 시작할 때 일주일 동안 매일 교실에서 1시간 동안 아이들을 관찰했다. 만 2세 아이들의 반이었는데, 어떤 아이가 친구를 밀치고 장난감으로 때리기도 했다. 선생님이 주의를 주고 안아주면서 "친구를 대할 때는 부드럽고 따뜻하게 만지고, 밀거나 때리지 않아요. 장난감은 가지고 노는 거예요. 다른 사람한테 던지지 않아요"라고 말했다. 아이가 때리거나 장난감을 던질 때마다 선생님은 계속 이야기 해주고 어떻게 하는 것이 좋은 것인지 시범을 보여주기도 했다. 며칠이 지나자 이 아이의 문제 행동이 눈에 띄게 줄어들었다. 여기에서도 선생님이 정한 규칙은 아이가 할 수 있는 것이며, 선생님은 구체적으로 설명하고 시범을 보였다. 선생님은 인내심을 가지고 아이가 좋은 습관을 들이도록 해주었다. 아이의 심신 발달을 존중하는 규칙은 아이의 천성을 해치지 않는다는 것을 확인할 수 있다.

규칙은 구체적일수록 좋다

규칙은 구체적일수록 좋다. 집에서도 학교에서도 부모나 선생님은 규칙을 상세하게 설명해야 한다.

친구와의 협력에 대해서, '친구를 사랑하고, 서로 협력하자'처럼 추상적으로 정하기보다는 '과제를 하거나 놀 때 친구를 따돌리지 않는다'처럼 구체적으로 정하는 것이 좋다. 규칙을 자세하고 구체적으로 정해야만 아이들이 이해할 수 있고 실천할 수 있다.

'근면하게 학습하자'는 매우 추상적인 규칙이다. 하지만 '과제를 할 때 자기 자리를 지키고, 다른 친구를 방해하지 않으며, 다 하고 나서는 즉시 선생님께 제출한다'라는 규칙은 이해하고 실천하기 쉽다. 마찬가지로 '규율 준수'는 막연하고 모호한 규칙이다. 하지만 '자습시간에는 교실에서 함부로 돌아다니거나 떠들거나 놀지 않는다'와 같은 규칙이라면 해서는 안 되는 행동이 무엇인지 아이들도 분명히 알 수 있다.

아이가 받아들일 수 있는 방식으로 문제를 해결하자

집에서의 규칙을 어떻게 지킬 것인가 하는 것도 부모의 고민거리 중 하나다. 핵심은 어떻게 해야 원칙을 유지할 수 있고, 규칙을 어겼을 때 거칠게 대하지 않을 수 있느냐 하는 것이다.

많은 육아서에는 한 가지 원칙이 나온다. 바로 '부드럽고 일관되게'다. 많은 부모가 문자상으로만 이해하고는 그리 어려울 것 같지 않다고 생각한다. '부드럽다는 것은 따뜻한 말투와 부드러운 태도로 대하고 때리거나 함부로 말하지 않는 것이며, 일관되게는 한 치의 양보도 없이 규칙은 반드시 지킨다는 것'으로 이해한다. 결과적으로 '부드럽고 일관되게'는 형식에 그치고, 실질적으로는 부모가 말하는 대로 하게 할 뿐이다.

두 살 된 아이를 데리고 또래 아이가 있는 친구 집에 놀러 간 한 엄마의 이야기다. 집에 돌아갈 시간이 되자 아이는 그 집에서 유달리 마음에 들어하던 장난감 자동차를 집에 가져가겠다고 했다. 엄마는 친구 집에서 좋아하는 장난감을 가져와 버릇하면 안 된다는 생각에 장난감을 돌려주었고, 그러자 아이는 울기 시작했다. 엄마는 '부드럽고 일관되게'의 원칙에 따라 조용히 이야기했다. "이 물건은 우리 것이 아니야. 돌려줘야 해." 아이는 울음을 멈추지 않고 더 크게 울었다. 엄마는 끝까지 부드러운 목소리로 비슷한 이야기를 반복했다. 아이는 울다가 지쳐 장난감을 내려놓았고, 엄마는 성공적으로 장난감을 돌려줄 수 있었다.

어떤 부모는 이것이 때리지도 혼내지도 폭력적이지도 않고, 아이의 규칙을 깨트리지도 않았으므로 매우 좋은 방법이라고 생각할 것이다. 그런데 어떤 부모는 이것이 정신적 폭력이라고 말한다. 이 과정에서 엄마가 거친 말이나 행동은 하지 않았지만, 아이의 감정에 주목하지 못하고 더 나은 해결 방법을 찾아보는 대신 단지 아이보다 강한 의지와 체력으로 목적을 달성했다는 것이다.

사실 많은 부모가 '부드럽고 일관되게'에 대해 표면적으로만 이해하고 실천한다. 이 원칙이 정신적 폭력으로 변할 수 있다는 사실은 인지하지 못한다. '부드럽고 일관되게'의 기본은 아이에 대한 이해와 아이와의 교감이다. 이 에피소드에서 엄마는 아이의 감정을 완전히 받아들이는 놀이 형식으로 해결할 수 있었다. 예를 들어 "이 자동차가 마음에 들어서 집에 가져가서 놀고 싶구나. 그런데 이 자동차 집은 여기래. 봐, 아빠 차랑 엄마 차도 여기 있네. 혼자서 떠나면 많이 쓸쓸하겠다. 여기 엄마 차, 아빠 차 곁에 두면 어떨까?" 이렇게 하면 아이와 힘겨루기를 할 필요가 없어진다. 따뜻한 대치도 대치는 대치다. 부모가 해야 할 일은 아이를 이해해서 아이가 스스로 이해하고 받아들이는 방식으로 문제를 해결하도록 하는 것이다.

부드러움이란 단순히 어감이나 표정이 아니라 아이의 감정에서 출발해 사랑과 이해로 협력을 얻어내는 것이다. 그리고 일관되게 행동한다는 것은 한 치도 양보하지 않는 것이 아니라 마지노선을 지키고 그 경계를 넘지 않는 것이다. 단, 마지노선 안에서는 얼마든지 융통성을 발휘할 수 있다.

규칙의 의미와 규칙을 실천하는 원칙을 이해했다면, 규칙을 지키는 것과 개성을 발현하는 것이 서로 모순되지 않느냐 하는 의문은 사라졌을 것이다. 모든 아이에겐 자신만의 개성과 특징이 있다. 합리적이고 과학적인 규칙은 아이의 천성을 해치지 않을 뿐만 아니라 더 건강하게 성장하도록 하며 앞으로 긴 시간에 걸쳐 더 많은 이익을 얻게 해줄 것이다.

부모와의 관계가 좋아야 규칙도 의미가 있다

규칙을 실천하기 위해서는 부모와의 양호한 관계 형성이 우선이다. 아이는 자신이 신뢰하고 사랑하는 어른의 말을 들으려고 한다. 부모와의 양호한 관계는 무엇이든지 아이가 원하는 대로 하는 것을 말하는 게 아니다. 그것은 아이를 존중하는 것이 아니라 떠받들거나 방임하는 것이다. 아이를 존중하는 것은 아이의 생각과 감정을 인정하는 데서 시작된다. 아이가 자유롭게 표현하도록 하며 감정을 이입해 자기 일처럼 이해해주는 것이지 아이와 대치하는 어른의 입장에서 잘못을 고치는 것이 아니다.

아이를 이해하면 충돌을 피할 수 있다

한 엄마가 자신의 이야기를 들려주었다. 급히 보내야 할 메일이 있어 노트북을 꺼냈는데, 아이가 눈을 반짝이며 다가왔다. 엄마는 마음이 급한데, 아이는 노트북이 무척 마음에 들었던 모양이다. "너도 일하고 싶니?" 아이는 고개를 끄덕였다. 엄마는 "그럼, 우리 차례차례 할까? 엄마가 먼저 일하고 그다음에 네가 하는 건 어때?"라고 제안했다. 아이는 좋아라 하면서 한 발짝 물러서며 "줄을 서야지!"라고 말했다. 엄마가 재빨리 메일을 보내고 아이 차례가 됐다. 아이는 열심히 '일'을 했다. '일'이 끝나자 제법 그럴듯하게 노트북을 덮으며 "밥 먹읍시다!"라고 했다고 한다.

이것이야말로 윈윈의 좋은 예다. 엄마는 아이의 호기심을 존중하고 이해해줌으로써 아이의 협조를 얻어냈다. 하지만 어떤 사람은 아이가 그만두지 않고 계속 놀려고 할까 봐 걱정한다. 우리가 배워야 할 것은 이 사례의 표면적인 모습이 아니라 그 안의 노력이다. 이 사례에서 부모와 아이 간 소통의 핵심은 노트북이 장난감이 아니라 일하는 도구라는 사실을 아이가 알도록 한 것이다. 이것은 하루아침에 되는 것이 아니라 일상 속에서 차츰 인식되는 것이다.

만약 엄마가 급한 나머지 그저 만지면 안 된다고 했다면 아이는 그래도 만지고 싶었을 것이다. 제재를 하는 과정에서 울음을 터트렸을 것이고, 엄마는 아이가 말을 듣지 않는다고 생각했을 것이다. 이렇게 가다 보면 엄마와 아이는 대립하게 되고 문제를 잘 해결하기는 갈수록 더 어려워질 것이다. 규칙을 실천하는 과정에서 최대한 충돌을 피하고, 사랑과 이해를 통해 아이에게 적절한 만족을 주면서 지도해야 한다.

어느 날 아침, 작은아이가 일어나자마자 뛰어왔다. 전날 밤 혈관과 혈액세포에 관련된 책을 읽었던 터라 "엄마, 저는 적혈구예요. 저는 지금 혈관 속에서 흐르고 있어요. 엄마는 어떤 세포예요?"라고 말했다. 나는 '한가하게 그럴 시간이 어딨니? 빨리 이 닦고 세수하고 학교 가야지!'라고 말하고 싶었지만, 아이가 매우 몰두해 있는 모습을 보니 그렇게 말하면 아이가 분명 실망할 것 같았다. 이 닦고 세수하고 학교 가는 일에도 협조해주지 않을 게 뻔했다. 그때 좋은 생각이 떠올라 "저는 백혈구예요. 백혈구는 벌써 이도 닦고 세수도 했어요. 지금 적혈구가 세수하고 이 닦길 기다리는 중이에요"라고 말했다. 아이는 내 말이 떨어지기가 무섭게 욕실로 달려갔다. 그날 아침 '적혈구' 학생은 순조롭게 등교했다.

이해받은 아이는 쉽게 따라주고 부모와 좋은 관계를 형성한다. 이 두 가지는 서로를 촉진하며 선순환을 만든다.

마지노선은 일관되게, 방식은 융통성 있게

많은 부모가 한 가지 규칙을 정하고 바로 효과를 보기를 기대한다. 하지만 사실 아이는 이해력, 사고력, 자기 제어 능력이 성숙하지 못해 어느 정도 시간이 지나야 규칙을 소화할 수 있다. 부모가 해야 할 일은 여러 가지 방식을 동원해 아이가 규칙을 지킬 수 있도록 도와주는 것이다.

치과 의사는 아이들이 양치를 한 후 치실을 사용하도록 권장한다. 아이에게 이런 습관을 들이게 할 때 다음의 두 가지 방식을 비교해볼 수 있다.

첫 번째 방식은 부모가 처음부터 아이에게 양치를 한 후 반드시 치실을 사용하라고 요구하는 것이다. 이것은 규칙이다. 그런 다음 매번 양치를 한 후 아이에게 치실을 주고 사용하도록 한다. 아이가 즐거운 마음으로 하는지 아닌지는 상관없이 밀고 나간다. "너를 위한 거야!"라고 말하면서.

또 다른 방식은 내가 사용한 방식이다. 습관이 되기 위해서는 일정한 시간이 필요하다는 점을 이해한다. 처음에는 치실을 사용하는 것을 좋아하지 않는다. 그래서 나는 아이와 매일 저녁 '치과 놀이'를 한다. 나는 치과 의사가 되고 아이들은 환자가 돼 아이들에게 치실을 주었다. 몇 개월이 지나자 아이들은 치실을 사용하는 것이 습관이 돼 치과 놀이를 할 필요가 없어졌다. 오히려 아이들이 먼저 "엄마, 치실 주세요"라고 말한다.

그 밖에 아이들에게 일정한 선택의 기회를 주는 것도 좋은 방식이다. 미국에서는 아이가 차를 탈 때 반드시 카시트를 이용해야 한다. 이것은 매우 기본적인 안전수칙으로 아이가 좋아하든 그렇지 않든 반드시 지켜야 한다. 그런데 아이들이 한바탕 울고 나면 모두 기분이 좋을 리 없다. 이럴 때는 방식을 바꾸어볼 수 있다. 아이에게 선택할 수 있도록 하는 것이다. "우리는 지금 차를 타고 가야 해. 카시트에 앉아주겠니? 안전띠를 엄마가 매줄까, 아빠가 매줄까?" 조금 자란 후에는 스스로 안전띠를 매도록 해도 좋다. 아이가 스스로 맨다면 자부심을 갖게 될 것이다. 아니면 이렇게 말할 수도 있다. "왼쪽 안전띠를 먼저 매줄까, 오른쪽 안전띠를 먼저 매줄까? 하나 선택해주겠니?" 다른 방법도 상관없다. 부모가 아이에게 일정한 결정권을 준다면 아이들은 부모가 자신의 바람을 들어주고 충족시켜주었다고 느껴 규칙을 따르게 된다.

마지노선은 반드시 일관되게 지켜야 한다. 여기서 마지노선은 양치질을 한 후 반드시 치실을 사용하는 것이거나 차를 탈 때는 반드시 카시트에 앉아 안전띠를 매는 것이다. 하지만 방식은 여러 가지가 있을 수 있다. 고집스럽게, 거칠게 관철할 것이 아니라 놀이처럼 융통성 있는 방식을 생각해내면 부모다운 예술을 펼칠 수 있다.

아이의 사고를 자극하는 마음속 공감 규칙

우리는 아이가 바르게 행동하길 원하지만 그렇다고 순종적인 아이로 키우고 싶어 하지는 않는다. 아이가 겉으로는 순종하면서 마음속으로는 규칙을 인정하지 않는 경우, 일단 이탈하기 시작하면 걷잡을 수 없는 반항의 늪에 빠지게 된다. 그러므로 아이가 이해할 수 있는 말로 규칙을 설명해주고 스스로 생각해보도록 해야 한다. '왜 이렇게 해야 하지?' 아이는 이렇게 생각하면서 규칙의 필요성을 공감하고 실천에 옮길 수 있다.

장난감을 빼앗는 아이를 보았을 때, "사이좋게 놀아야지, 빼앗으면 안 돼!"라고 말하면 아이는 어떻게 해야 할지 막막해한다. 좀더 구체적으로 말할 필요가 있다. "다른 친구가 가지고 노는 장난감에 관심이 있으면 '내가 가지고 놀아도 되니?'라고 먼저 물어보고 친구가 줄 때까지 기다려야 해. 아니면 네가 가지고 놀던 장난감하고 바꿔서 놀자고 해봐." 이렇게 구체적으로 아이가 무엇을 해야 하는지, 어떻게 말해야 하는지 알려주면 아이는 쉽게 이해하고 따를 수 있다.

대부분의 부모는 아이에게 너무 많은 간식을 먹이고 싶어 하지 않는다. 그럴 때 처음부터 하루에 과자 2개, 사탕 2개만 먹도록 정하면 문제가 해결될까?

이 문제를 해결하기 위해서는 여러 가지 방법을 동원해야 한다. 아이는 구체적으로 생각하므로, 부모 역시 아이들이 받아들이고 이해할 만한 방법을 구체적으로 생각해야 한다. 나는 아이들에게 건강한 식생활의 개념을 알려주면서 영양 피라미드를 보여주었다. 그것으로 아이들은 인체가 하루에 필요로 하는 밥, 빵, 육류, 야채, 과일의 양을 직접 확인할 수 있다. 과자와 사탕은 피라미드의 꼭대기에 있어 아주 조금만 필요하다. 이러한 개념과 그래프가 있다면 아이에게 설명하기 쉬워진다. '사탕은 피라미드 맨 꼭대기에 있네. 아주 조금밖에 먹을 수 없구나.' 이런 식으로 아이들은 머릿속에 그림을 그려보며 쉽게 받아들인다.

아이의 논리적 사고 능력은 그다지 뛰어나지 않다. 이것 역시 아이의 특징이다. 아이에게 '실컷 놀아라'나 '많이 먹어라'라고 말한다면 아이들은 어떻게 해야 할지 모른다. '내가 말하는 대로 해', '엄마 말 들어'라고 말하는 것 역시 개념이 분명하지 않은 상태에서 순종만 요구하는 것일 뿐이다.

가끔은 양보하자

규칙이 완성되면 오늘부터 철저하게 규칙대로 실천하는 게 좋을까? 여기에는 종종 두 가지 극단적인 결과가 나올 수 있다. 어떤 부모는 아이가 떼쓰는 걸 감당하지 못하고 무한정 양보해 통제권을 빼앗겨버린다. 이 과정에서 아이는 '내가 울기만 하면 하고 싶은 대로 하게 해주는구나'라고 생각하게 된다. 또 다른 부모는 매우 엄격하게 1년 365일 반드시 지키도록 하고 부모가 완전히 통제권을 장악한다. 그러면 아이들은 '나는 아무리 애를 써도 내 생활에 대해 아무런 결정권도 갖지 못하는구나. 내 삶에 책임을 질 필요도 없겠지'라고 느끼게 된다.

가장 이상적인 것은 부모가 융통성을 발휘하는 것이다. 상황에 맞게 아이의 감정을 존중하면서 아이에게 일정한 선택권을 주는 것이다. 아이에게 선택권을 줄 때는 현재의 상황을 설명하고 실현 가능한 조건을 제시하는 것이 좋다.

결혼식장에서 한 남자가 어린 남자아이와 '건배' 놀이를 하면서 아이에게 콜라를 건넸다. 그러자 옆에 있던 엄마가 아이에게 콜라는 몸에 좋지 않으니 아몬드우유를 마시라고 했다. 아이는 끝까지 콜라를 마시겠다고 했지만 엄마에게 빼앗겨버렸다. 아이가 다시 달라고 떼를 쓰자 엄마는 표정 없는 얼굴로 "네 마음대로 해선 안 돼"라고 말하고는 아몬드우유를 컵에 따라 아이 앞에 놓았다. "말 들어. 이거 마셔!" 이런 대처는 지나치게 엄격한 것이 아닐까?

이 엄마는 365일 시간과 장소를 가리지 않고 규칙을 엄격히 지키는 부모로, 아이는 자신의 의견을 설명할 기회조차 갖지 못했다. 이러한 상황이 계속 이어진다면 아이는 엄마가 지켜보지 않을 때는 마시고 싶은 것을 마음대로 마실 것이다. 한 친구가 딸이 사탕을 먹는 것을 엄격히 통제했다. 그런데 핼러윈데이 다음 날 딸의 침대 밑을 보니 핼러윈데이에 받은 초콜릿이 잔뜩 쌓여 있었다고 한다.

물론 오늘 규칙을 어기면 아이들이 버릇이 들어 다시는 규칙을 지키려고 하지 않을까 봐 걱정하는 것도 당연하다. 하지만 나의 경험에 비춰볼 때, 아이의 생각을 존중하고 아이에게 어느 정도의 선택권을 주면서 적절한 조건을 제시하면 이런 염려를 할 필요가 없다. 우선은 사전작업이 필요하다. 엄마가 아이에게 건강한 식생활에 대한 개념을 꾸준히 설명해줘야 한다. 만약 이 아이도 우리 집 아이들처럼 엄마가 설명하는 피라미드에 '세뇌'당했다면 엄마가 "조금만 마셔볼래?"라고 물었을 때 "콜라는 건강한 음료수가 아니니까 마시지 않을래요"라고 말하며 스스로 문제를 해결했을 것이다. 만약 아이가 마시고 싶다고 대답한다면 "그래, 오늘은 이모가 결혼하는 특별한 날이니까 조금만 마셔봐. 어때?"라고 말할 수 있다. 아이가 자기 의견을 솔직하게 말하고 엄마도 아이의 생각을 존중하며 이유와 조건을 설명하면, 아이는 그 조건을 받아들인다.

아이의 생각에 귀를 기울이며 감정을 이해하고 가끔씩 작은 요구를 만족시켜준다면 아이는 엄마의 사랑과 경계를 동시에 느낄 수 있다. 일부 요구가 충족되지 않더라도 아이는 그 이유를 이해할 수 있다. 만약 부모가 365일 예외 없이 엄격하게 규칙을 지킬 것을 요구하고 아이의 생각을 이해해주지 않는다면, 아이의 정서는 부모와 대립하게 된다. 설령 규칙은 지켰다 하더라도 마음속으로는 반항을 키워갈 것이다.

부모의 편의에 따라 규칙을 정하는 건 반칙이다

아이를 돌볼 때는 규칙적인 생활을 만들어줘야 아이가 안정감을 느낄 수 있고 생활의 리듬도 순조롭게 돌아간다. 먹거나 자는 등 기본적인 생활에도 규칙이 없다면 이는 아이의 마음에도 영향을 미친다. 점차 반항심이 생겨서 부모가 밥을 먹으라고 하면 일부러 더 먹지 않고, 잠을 자라고 하면 자지 않는 상황이 발생한다. 부모가 자신의 편의를 위해서 또는 감정이 내킬 때마다 하나씩 제기한다면 언제 어디서나 '새로운 규칙'이 생겨나게 될 것이다. 이렇게 생긴 규칙은 아이의 발달 규율과 특징을 존중해주지 못하고 아이도 받아들이지 못한다.

규칙은 임의로 정해서는 안 된다. 우리는 사람을 때려서는 안 된다는 사실을 모두 알고 있다. 이러한 규칙은 상황과 성질에 따라 세워진 것이지 부모가 인정하면 가능하고 인정하지 않으면 불가능한 것이 아니다. 아이가 엄마의 얼굴을 때렸을 때 엄마의 기분이 좋으면 넘어가고 오히려 웃기까지 하면서, 기분이 좋지 않으면 제지하고 매를 든다면 아이는 이런 행동이 허용되는 것인지 아닌지 판단할 수 없다. 부모는 규칙을 정할 때 상황의 심각한 정도가 아니라 상황의 성질을 고려해야 한다. 부모의 마음대로 한다면 아이는 규칙의 경계를 이해할 수 없기 때문에 자신의 행동이 어디까지 허용되는지 알 수 없다.

규칙을 실천하는 것은 하나의 시스템으로 부모는 여러 방법과 기술을 동원할 수 있다. 그럼에도 실천은 쉬운 일이 아니다. 부모가 처음부터 아이에게 자신의 반대편에 있는 것이 아니라 늘 함께 있음을 알게 해줘야 한다. 아이를 사랑하고 도와주고 인도해서 점차 스스로 자신의 행동과 삶을 책임지게 하고자 한다는 사실을 알려줘야 규칙이 의미를 갖는다.

제6장

◇◇◇◇◇◇◇◇◇◇◇◇◇

아이들은
왜
떼를 쓸까?

아동은 정서의 인지와 표현에서 초보 단계에 있기 때문에 적절히 표현하거나 감정을 조절하는 것이 미숙하다. 부모는 아이를 관찰하고 이해하며 정서 뒤에 숨은 원인을 찾아야만 아이가 문제를 해결하고 점차 정서를 적절히 표현하는 방법을 터득하도록 도울 수 있다. 이 과정에서 아이의 정서 표현과 성격을 연관 짓는 부모가 많은데, 이런 오류는 피해야 한다.

많은 부모가 이렇게 말한다.

"아이가 기분이 좋을 때는 천사처럼 귀여운데 기분이 안 좋아 떼를 쓸 때는 어떻게 해야 할지 모르겠어요."

"아이에게 아무리 좋게 이야기하려 해도 말을 듣지 않아요. 무섭게 얘기해도 안 통하고요."

아이를 키우다 보면 당연히 아이의 여러 가지 정서를 경험하게 된다.

그런데 대개 아이가 기뻐하는 순간은 좋아하면서도 아이가 화내거나 슬퍼하는 순간은 피하려고 한다. 아니면 아이의 부정적인 정서는 마치 불을 끄듯이 황급히 꺼버리려 한다. 그것이 얼마나 좋지 않은 결과를 가져오는지를 먼저 살펴보자.

부정적인 정서에 대한 흔한 오해

★ 오해 1_ 아이가 부정적인 정서를 표현하면 성격이 나쁜 것이다

많은 부모가 아이의 모습을 설명하면서 "우리 아이는 세 살인데 얼마나 떼를 쓰는지 몰라요"나 "고집이 얼마나 센지 아무도 못 말려요"라고 말한다. 아이가 떼를 쓰는 것이 나쁜 성격이라고 생각하는 것이다.

★ 오해 2_ 아이가 부정적인 정서를 표현하는 것은 나쁜 것이고, 이는 부모의 잘못이다

어떤 부모는 아이가 우는 것은 나쁜 것이며 말을 듣지 않는 것이라고 생각한다. 그러면서 부부간에 "당신이 보는 육아서가 잘못된 거야", "당신 방식이 틀린 거야" 하며 서로를 질책하기도 한다.

★ 오해 3_ 아이의 부정적인 정서 표현이 자신에 대한 도전이라고 생각한다

많은 부모가 쪽지를 보내 고민을 털어놓는다. 아이가 이제 겨우 만 2~3세가 지났는데 벌써부터 반항을 한다는 것이다. 해선 안 되는 일도 일부러 한다는 둥 하면서 아이의 부정적인 정서를 자신에 대한 도전이라고 생각했다. 이러한 인식이 전제된다면 아이와의 상호작용이 적절히 이뤄질 수 없는 것은 당연하다. 부모가 이미 아이의 반대편에 서 있기 때문에 더 많은 부정적인 정서를 전달하고 만다.

★ 오해 4_ 내 아이가 항상 행복하고 매 순간 즐겁기를 바란다

사실 나 역시 이러한 마음을 충분히 이해한다. 두 아이를 키우는 엄마로서 좋은 것은 모두 아이에게 주고 싶고 아이들이 기쁘고 행복하기를 바란다. 문제는 아이가 모든 순간에 즐겁기란 현실적으로 불가능하다는 것이다. 성장하는 과정에 즐겁지 않은 상황을 맞닥뜨릴 수밖에 없다. 예를 들면 학교에서 선생님께 꾸중을 듣는다든지, 친구와 다툼이 생긴다든지 하는 일이다. 그러므로 우리는 그 즐겁지 않은 기회를 통해 아이가 정서를 인식하고 해소하도록 도와줘야 한다.

★ 오해 5_ 아이를 지나치게 사랑한 나머지 온갖 방법으로 비위를 맞춘다

많은 부모가 아이가 힘들어하는 것을 차마 보지 못하고, 온갖 방법으로 아이의 비위를 맞추려 애쓴다. 이렇게 되면 아이는 여러 정서를 처리하는 방법을 학습할 기회를 잃게 된다. 미국의 초등학교에는 축구팀, 야구팀, 농구팀 등이 있어 승패를 늘 경험한다. 그런데 경기에서 졌을 때 부모가 "괜찮아. 다음에 더 노력하면 꼭 이길 수 있을 거야. 우리 동물원에 갈까?"라며 위로해준다면 어떤 일이 일어날까? 실패의 정서를 경험할 겨를도 없이, 주의력이 곧바로 다른 데 쏠려 다음에 어떻게 해야 목표를 달성할 수 있을지 생각해볼 시간조차 가질 수 없게 된다. 즉 자신의 감정을 어떻게 처리해야 할지 배울 기회를 상실하는 것이다.

이러한 오해 때문에 부모는 부정적인 정서가 나타날 때 잘못 대응한다. 정서는 객관적으로 존재하는 것이므로 싫다고 해서 사라지는 것이 아니다. 또한 정서는 주관적인 경험이라서 그것을 몸소 체험하고 잘 흐르게 해야지, 억누른다고 해서 눌러지는 것이 아니다. 하지만 이 점을 간과하는 부모가 많다.

정서에 대한 아동의 인지, 표현, 소통 등이 아직 초보적 단계에 있다는 사실을 부모는 늘 염두에 두어야 한다. '나는 지금 엄청난 스트레스를 받고 있어', '나는 지금 화가 나 있어', '나는 지금 좌절감에 빠져 있어'처럼 성인은 서로 다른 정서를 분명히 구분할 수 있다. 아이 역시 종종 직접적인 행동으로 정서를 표현한다. 소리를 지른다거나 물건을 던지고 떼를 쓰는 행동이 이에 해당한다. 하지만 아이는 아직 어떻게 해야 정서를 적절히 표현하고 감정을 조절할 수 있는지 알지 못한다.

부모이자 선생님으로서 우리는 아이를 주의 깊게 관찰하여 행동, 언어, 표정 등에서 실마리를 찾아 아이의 정서를 정확하게 판단해야 한다. 이렇게 해야만 아이의 행동과 정서 뒤에 숨은 원인을 찾을 수 있으며, 진짜 문제를 해결할 수 있다. 아이의 정서 표현을 성격이나 동기와 연관 지어, 예컨대 일부러 소란을 피운다고 여겨서는 안 된다.

문제보다 먼저
감정을 해결해야 한다

부모는 아이의 잘못된 행동을 교정하기보다는 아이의 감정을 관찰해야 한다. 대부분의 부모는 소리를 지르거나 물건을 던지는 행동을 보고는 고쳐야 한다고 생각하면서 이러한 행동 뒤에 숨은 정서는 보지 못한다. 그래서 기대한 효과를 거두지 못하고, 심지어 악순환을 초래하기도 한다. 그래서 나는 문제를 해결하기 전에 감정부터 해결해야 한다고 항상 말한다.

부모와 자녀 사이의 상호작용은 매우 중요하다. 부모나 선생님과 같은 주변 사람이 아이가 자신의 정서를 인식할 수 있도록 인도한다면 아이는 "나는 지금 슬퍼", "나는 이 일을 완수하기가 너무 어려워서 좌절감에 빠져 있어"라고 말할 수 있다. 그런 감정에 대해 부모님이나 선생님이 공감해준다면 '이런 상황에서 이런 감정이 드는 것은 정상이야' 또는 '사람들은 이런 상황에서 종종 이런 감정을 느끼는구나'라고 인식하게 된다. 그러면 아이는 자신의 정서를 받아들이고 점차 안정을 찾을 수 있다. 또한 차츰 더 적합한 방식으로 자신의 정서를 표현하거나 감정을 잘 흐르게 하는 법을 배울 수 있다.

그런데 만약 부모나 선생님이 아이의 정서를 간과한다면 아이는 '지금 이런 감정은 너무 힘든데 어떻게 해야 할지를 모르겠어'라며 더 당혹스러워할 것이다. 아니면 더 격렬한 방식으로 표출하며 부모나 선생님의 관심을 끌려고 할 것이다. 만약 아이의 행동에만 관심을 보이고 행동 뒤에 감쳐진 정서를 이해하지 않는 부모라면 "너는 왜 이렇게 철이 없니? 물건 던지면 안 된다고 했지?"라며 아이를 다그칠 것이다. 그 결과 아이는 자신의 감정을 인식하지 못하고, 자신의 정서를 받아들이지 못하며, 자신의 정서가 부적절하고 잘못된 것이라고 착각하게 된다.

아이가 감정을 어떻게 표현하든 부모가 모두 받아주고, 감정을 표현하는 행동에 대해 어떤 구속도 하지 않으며, 문제를 해결하도록 인도하지 못하는 상황도 있을 수 있다. 즉 아이가 감정을 표현하는 모든 방식을 소극적으로 받아들이는 것인데, 이렇게 하면 아이는 자신의 감정을 적절히 표현하는 방법을 배우지 못하게 된다. 이러한 아이는 유치원 등 사회적 규칙이 필요한 곳에 들어갔을 때 문제를 겪기 시작한다.

다시 말해 부모가 행동에만 관심을 보이고 감정 표현 자체를 간과하면 아이의 성장에 매우 부정적인 영향을 미칠 수 있다. 사실 아이가 '고집'을 부리는 것 대부분은 부모가 아이의 감정을 헤아려주지 않았기 때문이다. 아이의 정서에 공감을 표시하면 일은 훨씬 쉬워질 것이다.

우리 집에 이런 일이 있었다. 두 아이가 함께 숙제를 하다가 작은아이가 큰아이에게 연필을 달라고 했다. 큰아이는 "책상 위에 있으니까 네가 가져와"라고 말했다. 작은아이는 "형이 갖다 줘"라고 했다. 큰아이가 "네가 직접 가져올 수 있잖아"라고 했고, 작은아이는 "빨리 갖다 줘. 안 갖다 주면 계속 귀찮게 할 거야. 농담 아니야!"라고 했다. 큰아이도 "싫어. 네가 가져올 수 있으면 네가 해야지!" 하며 물러서지 않았다. 작은아이의 목소리가 격앙되기 시작했다. "형은 맨날 나한테 시키면서 나는 시키면 안 돼?" 하며 따졌다. 사실 작은아이가 큰아이 심부름을 종종 하긴 했다.

작은아이의 감정이 더 고조되자 결국 아빠가 나섰다. "다른 사람에게 부탁을 하려면 정중하게 도와달라고 해야지. 말 한마디에 천 냥 빚을 갚는다는 말도 있잖니?" 큰아이가 기다렸다는 듯이, "거봐. 네가 정중하게 말했다면 갖다 줬을 텐데!" 그러자 작은아이는 억울해하며 큰 소리로 외쳤다. "형이 맨날 시키니까 나도 시킨 건데. 불공평해!"

남편은 작은아이가 이렇게까지 화낼 일은 아니라고 생각했을 것이다. 나는 조용히 남편에게 다가가 "작은아이는 화를 내지 않으면 감정이 가라앉지 않아요. 무슨 말을 해도 소용없어요"라고 귀띔해주었다.

나는 작은아이에게 "이리 오렴. 어서 엄마한테 와"라고 말했다. 아이는 울면서 내게 왔다. 나는 아이를 안아 무릎에 앉히고는 등을 쓸어주었다. 아이는 여전히 분이 가라앉지 않아 "형도 나한테 시켰어. 그래서 나도 시킨 거야!"라고 씩씩거렸다. "그래, 형도 예전에 시켰으니까. 이러면 잘못된 거네. 불공평하다. 그치?" 아이는 고개를 끄덕였다. 내 팔을 꼭 잡고는 머리를 내 어깨에 기대고 차츰 안정을 찾아갔다. 내가 "엄마는 이해해. 예전에 형이 시켜서 이번에는 네가 시키고 싶은 것뿐인데, 그치?"라고 말하자 아이는 가만히 고개를 끄덕였다. "엄마한테 좋은 생각이 있는데, 들어볼래?" 아이가 고개를 끄덕이며 눈물을 닦았다(아이가 계속 진정하지 못하면 품에 안고 더 울게 할 생각이었다). "예전에 형이 너에게 시켰으니까 지금 이렇게 나오면 안 되잖아. 그럼, 나중에 형이 뭘 시키면 형한테 '시키지 마. 나한테 시키는 거 기분 나빠!'라고 말해. 아니면 아예 들은 척도 하지

마. 형이 시킬 수 없게. 어때?" 아이는 고개를 끄덕였다. "자, 엄마 앞에서 한번 말해봐." 작은아이는 시키는 대로 얘기했다. "옳지, 잘하네. 그리고 다른 사람에게 부탁할 때는 예의 바르게 해야 해. 알겠지? 다른 사람이 너에게 잘 대해주길 바란다면 너도 다른 사람에게 잘 대해야겠지?" 아이의 감정은 이제 완전히 평화를 찾았다.

사실 작은아이도 다른 사람에게 부탁할 때의 올바른 자세를 모르는 것은 아니다. 어려서부터 집이나 유치원에서 항상 그렇게 배웠다. 하지만 떼를 쓰던 당시에는 그걸 알고 있느냐 아니냐가 아무 소용이 없었다. 아이에겐 자기 나름의 이유가 있고 아이의 정서가 이미 판단에 영향을 미쳤기 때문이다. 감정을 해결하지 못한다면 충돌을 면할 수 없다. 정서에 공감해줄 때 안정을 찾을 수 있고, 잘못된 행동에 대해서는 안정을 찾은 뒤 한 번만 이야기해주면 된다.

아이들은 금방 받아들인다. 안정을 찾은 작은아이는 책상으로 돌아가 매우 예의 바르게 큰아이에게 연필을 가져다 달라고 부탁했다. 큰아이도 아무 말 없이 가져다주었다.

아이의 정서가 변화한 원인을 깊이 이해하면 문제를 어렵지 않게 해결할 수 있다. 이제 아이의 정서를 어떻게 인도할 것인지 실천 단계로 들어가 보자.

단계에 따른
정서적 소통 방법

정서를 지도하는 단계는 대략 네 가지로 나눌 수 있다. 지금부터 단계별로 자세히 설명하고자 한다. 하지만 아이를 키우는 것은 실험이 아니기 때문에 책에 나온 대로 단계별로 차근차근 실행하기만 하면 되는 것이 아니다. 실생활에서 부모는 여러 특정 상황을 신속하게 판단하고 적절한 반응을 보여야 한다. 이때 반드시 단계대로 할 필요는 없다. 부모에게 가장 필요한 것은 관찰력이며, 두 번째는 통합하는 능력이다. 이 두 가지만 기억한다면 더 융통성 있게 적용할 수 있을 것이다.

1단계 : 아이의 감정 인식을 도와준다

부모는 아이가 자신의 정서를 정의하도록 도와줘야 한다. 예를 들어 "얼굴이 빨개지고 주먹을 휘두르는 걸 보니 화가 났구나?"라고 말하며 아이가 자신이 화가 났다는 것을 천천히 이해하도록 돕는다.

생활 속에서 항상 아이와 정서를 정의하는 것 외에도 감정에 라벨을 붙여서 정서를 설명하는 그림책을 만드는 것도 좋은 방법이다. 어린아이는 그림책을 보면서 '아, 이럴 때 이런 기분이 드는구나'라는 것을 적절하고 직관적으로 배울 수 있다. "그림 속 아이 표정이 바뀌었네. 기분도 좋아지고 화도 풀렸지? 무슨 일이 있었을까? 어떻게 기분이 다시 좋아졌을까?" 하는 식으로 이야기를 나누면 아이가 정서를 배우고 인지할 수 있다.

3세 이상의 아이는 언어를 사용할 수 있으므로 아이가 언어로 자신의 감정을 표현할 수 있도록 격려해준다. 아이가 어떤 감정을 느낄 당시에는 그 느낌이 불분명하고 모호할 수 있다. 이때 부모가 언어로 표현하는 것을 도와주면 아이는 정확하게 감정을 느끼면서 '이 감정이 이런 느낌이구나' 하고 알게 된다. 이런 식으로 감정에도 경계가 있으며 통제하고 처리할 수 있는 생활의 일부분이라는 사실을 깨닫게 된다. 또한 언어로 정서를 표현하는 것은 아이가 불안한 상태에서 신속하게 평온을 찾을 수 있도록 도와준다.

우리 아이들이 만 세 살, 다섯 살이 됐을 때 나는 집에 노트를 하나 준비해두고 아이가 그날 가장 기분 좋았던 일과 가장 기분 나빴던 일을 기록하게 했다. 내가 대신 쓸 때도 있었고, 아이가 직접 쓰거나 그림을 그리기도 했다. 나는 아이들에게 그날 일어났던 일을 돌아보게 하면서 기분이 어땠는지, 그것이 어떤 감정인지, 나중에 기분이 다시 좋아졌는지, 왜 좋아졌는지 등을 물었다. 이때 나는 단지 기록만 할 뿐 아이의 정서와 느낌에 대해서는 어떤 판단도 하지 않았다.

막 수영을 배우기 시작했을 때 겁이 많은 큰아이는 머리를 물속에 넣지 못했다. 그런데 자기보다 어린 동생이 잘 해내자 기분이 상한 듯했다. 집에 와서 일기를 쓰면서 스스로 자신의 기분을 말하게 유도했더니 조금 두렵고, 좌절하고, 동생이 잘 해내는 것을 보니 조금 부럽고 질투가 나기도 했단다. 나는 단지 스스로 감정을 말하게만 할 뿐 그 감정이 맞는지 틀리는지에 대해서는 전혀 언급하지 않았다. "그렇게 생각해선 안 돼"라고는 더더욱 말하지 않았다.

큰아이는 감정을 말하고 나자 기분이 훨씬 좋아 보였다. 나는 아이를 안아주고 아이의 감정에 공감하며 "그래, 엄마는 이해해. 엄마도 어려서 막 수영을 배울 때 엄청 무서웠거든. 그리고 엄마는 자전거 배울 때도 잘 타지 못해서 좌절하고 많이 울었어. 그래도 계속 연습하니까 되더라"라고 말해주었다.

큰아이가 마침내 머리를 물속에 넣게 된 날도 우리는 일기를 썼다. 아이는 당연히 기뻐했고 흥분했다.

긍정적인 정서와 부정적인 정서를 모두 경험하고 느껴보고 적절한 방식으로 표현할 수 있어야 한다. 이러한 과정을 진행하면서 아이들은 나중에 비슷한 상황을 겪을 때 이전에 성공했던 경험을 돌아보게 됐고, 이것이 큰 도움이 됐다. 경험을 통해 자신의 감정을 이해했고 지금의 감정이 나쁜 것이 아니라는 것을 알게 됐기 때문이다. 감정은 언제까지고 계속되는 것이 아니라 수시로 바뀔 수 있다. 중요한 것은 그 감정에 어떻게 대처하느냐 하는 것이다.

아이의 생각을 부정적 정서에서 문제를 어떻게 해결하느냐라는 긍정적 사고로 전환하도록 유도하는 것은 아이의 성장에 매우 중요하다.

2단계 : 아이의 정서에 공감한다

공감과 수용은 다른 개념이다. 공감은 수용할 뿐만 아니라 아이가 느끼는 감정이 잘못된 것이 아니라는 것을 알게 한다. 부모가 아이를 이해하는 것만으로도 아이의 감정을 가라앉힐 수 있으며, 이럴 경우 아이도 같은 문제로 또다시 힘겨워하지 않는다.

하루는 작은아이를 씻기고 나서 수건으로 닦고 옷을 입히는데, 평소와 달리 옷을 입으려고 하지 않았다. "더 씻을 거야! 더 씻고 싶어!" 이미 다 씻었는데 또 씻겠다고 하니 괜한 투정을 하는 것처럼 보일 것이다. 어떻게 해야 할까? 어떻게 해서든 아이를 진정시키고 옷을 입혀야 한다. 어떤 엄마는 이치를 따져 설득한다고 말한다. 하지만 그래도 듣지 않으면 어떻게 해야 할까? 장난감으로 주의를 돌려 재빨리 옷을 입힌다고 말하는 엄마도 있다. 하지만 아이가 커갈수록 주의를 분산시키는 방법은 효과가 떨어진다. 규칙대로 한다는 엄마도 있을 것이다. 자신의 집에서는 목욕을 하고 나면 반드시 바로 옷을 입도록 하기 때문에 아무리 울어도 꼭 옷을 입혀야 한다는 것이다. 또 어떤 엄마는 마음이 약해서 "그래, 그래. 10분만 더 씻자"라고 말하기도 할 것이다. 그런데 10분을 더 씻고 나서도 또 그런다면 어떻게 해야 할까? 아이가 계속 '5분만', '10분만' 하며 흥정하려고 한다면?

이런 문제는 어느 집에나 한 번쯤은 있었을 만큼 흔한 일이다. 나는 우선 이치대로 설명했다. "이미 다 씻었잖아. 더 씻을 필요 없단다"라고 거듭 이야기했다. 그런데도 아이는 극구 더 씻어야 한다고 떼를 썼다. 그 순간 아이가 물놀이를 좋아한다는 사실이 떠올랐다. "우리 왕자님은 목욕을 제일 좋아하지요? 물놀이를 하고 싶구나? 오리랑 물놀이하고 싶었구나?" 아이는 울음을 그치고 힘차게 고개를 끄덕였다. 엄마가 드디어 아이의 마음을 알아챘다는 뜻이다.

"엄마가 목욕을 못 하게 해서 기분이 나빴구나?" 하자, 아이가 "네"라고 대답했다. "하지만 목욕은 한 번으로 충분해. 너무 많이 씻으면 피부가 건조해져서 아프게 돼. 우리 내일 다시 목욕하자. 내일은 오리랑 물놀이도 하고. 어때?"

아이에게 다음 날의 계획을 설명해주자 아이도 흔쾌히 동의하며 옷을 입었다.

아이는 자신의 정서로 이 세계를 대한다. 아이가 무조건 씻겠다고 들 때는 부모가 아무리 이치를 따져 이야기해도 듣지 않는다. 부모가 아이의 마음을 이해해야만 진정할 수 있고, 그때야 설득도 가능하다. 아이는 이치를 모르는 것이 아니라 어른이 자신의 마음을 이해해주길 바라는 것뿐이다. 이해를 받으면 아이를 괴롭히던 문제는 금세 사라진다.

기억에 남는 일이 한 가지 더 있는데, 이것 역시 흔히 일어나는 일이라 참고해볼 만하다.

작은아이가 만 네 살 무렵이었을 때 일이다. 유치원에 데리러 가자 선생님께서 나를 한쪽으로 불러 아이가 낮잠을 자고 일어나더니 갑자기 울더라고 말씀하셨다. 선생님이 왜 우냐고 물었는데 아무 대답도 하지 않았다고 한다. 왜 그럴까? 이유를 대답하는 것은 논리적 사고를 담당하는 대뇌에서 하는 일인데, 대답을 하지 않았다면 그 부분의 대뇌가 제대로 일을 하지 않은 것이다.

그 선생님은 무척 현명한 분이었다. 아이의 정서를 먼저 공감해준 다음 꼭 안아주고 등을 두드려주며 "무척 속상해 보이는구나"라고 말했다고 한다. 그러자 아이는 조금 더 울더니 엄마가 보고 싶다고 하더란다. 선생님은 안도하며 "아, 엄마가 보고 싶었구나. 그럼 진작 말하지 그랬니. 부끄러워할 것 없단다"라고 말했다. 아이는 분명 엄마가 보고 싶다고 말하기 창피했을 것이다. "선생님도 아빠가 보고 싶으면 운단다. 몇 해 전에 돌아가셨거든. 하지만 울고 나면 기분이 좋아지더라. 너는 어때?" 그러자 아이도 "네, 울고 나니까 기분이 좋아졌어요"라고 말하고는 오후 내내 아무 일 없이 즐겁게 놀았다고 한다. 선생님도 신기하다며 아이는 자신의 기분을 누군가 이해해주고 공감해주면 아무 일도 없다는 듯이 잘 논다고 이야기하셨다.

왜 가장 먼저 아이의 정서를 공감해줘야 할까? 만약 선생님이 아이의 정서를 공감해주지 못했다면 아이는 엄마를 보고 싶어 하면 안 된다고 생각해 부끄럽고 창피한 기분이 들었을 것이다. 엄마가 보고 싶은 마음에 이러한 정서까지 더해지면 진정시키기가 더욱 어려워진다. 하지만 아이는 선생님 같은 어른도 아빠가 보고 싶으면 운다는 이야기를 듣고, 이것이 정상적이라는 것을 알게 됐다. 그렇게 자신의 정서를 받아들이면서 부끄러워하지 않고 안정을 찾을 수 있었다.

"아이가 유치원에 갈 때 엄마 아빠가 보고 싶어서 울면 어떻게 해요?"라고 묻는 부모가 있다. 대부분은 "엄마 아빠 퇴근하면 바로 데리러 갈 테니까 보고 싶어 하지 말고 잘 놀고 있어"라고 말한다. 아이가 '보고 싶어 하지 말라'라는 말을 받아들였더라도 보고 싶은 마음에서 벗어날 수는 없다. 그러면서 이런 감정이 들어서는 안 된다고 오해하고 가책을 느끼게 된다. 그러므로 부모나 선생님은 아이가 부모님을 보고 싶어 하는 이 감정에 공감해줘야 한다. 나는 이런 방법을 썼다. 아이가 입학하기 전에 "엄마가 보고 싶을 거예요"라고 해서 나도 "그래, 엄마도 네가 보고 싶을 거야"라고 말해주었다. 우리는 함께 《엄마의 손뽀뽀The Kissing Hand》라는 책을 읽은 적이 있다. 나는 아이의 손에 뽀뽀를 해주고 "좋아. 이제 엄마가 네 손에 마법 뽀뽀를 했으니까 네가 엄마를 보고 싶어 하면 엄마도 너를 생각할게. 네가 가슴에 손을 대면 엄마가 마음속으로 뽀뽀해줄게." 이렇게 아이의 감정을 공감해주면 아이는 쉽게 설득되고 위로를 받는다.

3단계 : 정서를 적절히 표현하게 한다

아이의 정서를 공감하고 확인하면서 아이가 한 가지 사실을 분명히 알게 한다. 즉 자신이 지금 경험하는 감정이 긍정적이든 부정적이든, 엄마는 이해하고 그 감정을 공감한다는 사실이다. 하지만 이러한 감정을 어떻게 표출하고 표현해야 할까? 정서는 좋고 나쁨의 구분이 없다. 하지만 정서를 표현하는 행위에는 좋고 나쁨의 구분이 있다. 나는 세 가지 원칙을 두고 있다. 첫째 타인에게 상처 주지 않기, 둘째 자신에게 상처 주지 않기, 셋째 물건 망가뜨리지 않기다. 이 세 가지 원칙을 전제로 어떻게 감정을 표현하는 것이 좋을지 아이에게 생각해보게 한다.

연구에 따르면 정서 표현은 후천적으로 얻어지는 것이라고 한다. 정서를 적절히 조절하고 잘 흐르게 하는 방법을 학습하려면 더 긴 과정이 필요하다. 유아는 행동의 경계를 알고 정서를 적절히 표현하는 방법을 배울 필요가 있다. 정서를 적절히 표현하는 방법을 배우지 못한다면 정서를 통제하는 방법도 배울 수 없어서 여러 가지 행동 문제가 발생할 가능성이 커진다.

조건 없이 받아들인다는 것은 무엇이든지 받아들인다는 뜻이 아니다. 아이의 감정은 조건 없이 받아들이되 행동은 규칙에 따라 받아들여야 한다.

어린아이들은 화를 내거나 좌절감을 느껴 떼를 쓸 때 종종 다른 친구를 밀거나 장난감을 던지곤 한다. 이런 행동까지 용납한다면 아이는 이렇게 감정을 표출하는 것이 옳은 행동이라 착각하고 감정을 제어하는 방법을 배우지 못한다. 그리고 비슷한 상황이 발생할 때마다 적절하지 않은 방식으로 감정을 표현하게 된다. 그러므로 부모는 반드시 '그 순간의 감정은 이해하지만 네가 친구를 때리고 장난감을 던지는 것은 잘못된 행동'이라는 사실을 아이에게 분명히 가르쳐야 한다. 그리고 어떤 방식이 다른 사람에게 상처 주지 않고 자신에게도 상처 주지 않으며 물건을 망가뜨리지 않는지 아이 스스로 생각해보게 한다. 아이들은 언어로 표현하기도 하고 그림으로 그리기도 하고 자기 머리에서 연기가 피어오르는 엉뚱한 상상을 하기도 하는 등 기발한 방법을 생각해낸다.

미국 유치원은 아이의 감정과 정서를 적절하게 표현하는 방법을 가르치는 것을 중요하게 생각한다. 만 2~3세 반의 벽에는 여러 표정의 그림과 어떻게 표현하는지를 나타내는 그림을 붙여놓는다. 예를 들어 화가 날 때 스스로 안정을 찾는 방법, 즉 손을 배에 얹고 심호흡을 하는 그림도 있다. 초등학교 1~2학년이 돼도 아이들은 이런 교육을 계속 받는다. 선생님이 이야기를 들려주면서 아이들에게 언제 이런 기분이 드는지, 왜 이런 기분이 드는지, 나중에 어떻게 기분이 좋아졌는지 글로 쓰거나 그림으로 그리게 한다. 앞서 말했듯이 전문 지도 과목도 있어서 인형극을 통해 어떻게 행동하는 것이 바람직한지 알려준다.

4단계 : 아이의 정서가 잘 흐르게 한다

부모가 마음을 이해하고 공감해주는 것만으로도 아이들은 대개 안정을 찾는다. 하지만 공감해주는 것만으로는 부족할 때도 있다. 이때는 아이가 스스로 생각해보도록 유도해서 문제를 해결해야 한다.

아이가 아끼는 장난감이 망가져 울고불고 난리가 났다고 하자. 어떤 부모는 견디지 못하고, "장난감 하나가 뭐 그리 대단하다고 그래. 울지 마!" 하며 새로 하나 사준다. 하지만 이런 대응은 아이의 마음을 이해하지 못한 것이다. 아이는 그 장난감에 정이 들었기 때문에 새로 사준 장난감이 원래 가지고 있던 장난감을 대체할 수 없다.

이런 상황이면 먼저 아이를 이해해줘야 한다. "장난감이 망가져서 많이 속상하지. 이리 와. 엄마가 안아줄게." 이후에는 어떻게 해야 할까? 부모의 공감을 얻고 나면 아이의 감정이 차츰 안정을 찾는다. 그러고 나면 이렇게 말해볼 수 있다. "이 기능이 망가지기는 했지만 가지고 노는 데는 상관없을 것 같은데, 그치?" 아이 스스로 방법을 찾아낼 수도 있다. "맞아요. 불은 반짝거리지 않지만 잘 굴러가니까 노는 데는 상관없어요" 하거나 "다른 물건으로 대신 이렇게 하면 돼요" 하거나 "아빠가 고칠 수 있지 않을까요?"라고 말할 수도 있다. 이렇게 아이는 스스로 생각하면서 부정적인 감정을 차츰 해소한다.

아이의 부정적인 정서나 지나친 행동을 마주하게 될 때 부모는 자신이 그 정서에 대한 오해를 품고 있는 건 아닌지 생각해봐야 한다. 그런 다음에는 아이의 지나친 행동에 집중할 것이 아니라 정서를 살펴야 한다. 또한 아이 스스로 정서를 잘 흐르게 할 방법을 알려줘야 한다. 이 과정에서 아이가 정서를 표현하고 제어하는 방법을 배우면, 유치원에 들어갔을 때 그리고 앞으로 더 복잡한 인간관계나 사회적 환경을 대할 때 큰 도움이 된다. 부모는 인내심을 갖고 아이와 함께 이 귀중한 성장 과정을 경험해야 한다.

시스템은 공정하게, 응용은 융통성 있게

우리가 마주하는 것은 생동감 넘치는 아이임을 명심하자. 정서를 지도할 때 지나치게 교과서에 얽매이기보다는 자녀의 특징, 개성, 기호, 흥미에 초점을 맞춰 융통성 있게 여러 기술을 응용하는 것이 좋다.

Tip 1

대충 '나도 이해해'라는 식으로, 형식적인 공감은 금물이다

많은 부모가 한 가지 공통된 질문을 던진다. "때로 아이의 정서에 공감해주는데 그때마다 오히려 더 억울해하며 떼를 써요. 정서를 공감해주는 방법이 효과가 없으면 어떻게 해야 하나요?"

아이의 정서를 공감해주는 것은 아이가 자신의 정서를 이해하도록 도와 차츰 안정시키기 위해서다. 만약 공감해주었는데도 아이가 진정하지 않는다면 적절하게 인정해주었는지 생각해볼 필요가 있다.

분홍색을 좋아하는 어떤 아이가 있다고 하자. 오늘 선생님께서 장난감을 나누어줬는데 자기에게 분홍색을 주지 않았다며 떼를 썼다. 아빠는 "선생님이 가장 좋아하는 색

166

을 주지 않으셔서 기분이 나빴구나. 이해해"라고 말했다. 아빠는 나름대로 정서를 공감해줬다고 생각했는데 아이는 더욱 심하게 떼를 썼다.

이 아빠는 정서 공감을 할 때 자신도 모르게 '선생님이 주지 않으셨기 때문에 아이가 기분이 나빠졌다'라고 선생님 탓을 했다. 아이는 원래 자신이 분홍색을 좋아하는데 다른 친구가 분홍색을 가져가고 자신은 없어서 기분이 나쁜 거였지, 선생님께서 주시지 않았기 때문은 아니었다. 하지만 아빠가 원인을 그렇게 말하자 아이는 더욱 울 만한 근거를 찾은 셈이 됐다. 일테면 '누가 선생님이 나에게 분홍색을 주지 못하게 했나? 나에게 주지 않았다. 그래서 화가 난다. 나는 화가 날 권리가 있다'라는 흐름이다. 그러면서 떼는 더욱 심해지고 진정할 수 없는 지경이 됐다.

이것이 우리가 주의해야 할 점이다. 정서 공감을 표현할 때 어른의 방식으로 원인을 찾지 말아야 한다. 방법을 바꾸어 "분홍색 장난감을 좋아하는데, 이번에는 갖지 못해서 기분이 나빴구나"라고 하는 것이다. 아이의 순수한 정서를 있는 그대로 이해하면 된다. 그러고 나서 부모는 아이가 스스로 생각하도록 할 수 있다. "이번에 분홍색 장난감을 받지 못해서 속상하지? 맞아, 속상하겠다. 하지만 생각해봐. 서연이랑 가윤이도 분홍색을 좋아하잖아. 만약에 서연이랑 가윤이가 분홍색을 받지 못했으면 어떻게 생각했을까?"

아이는 곰곰히 생각하다가 말한다. "내가 이렇게 속상한데 다른 친구들도 마찬가지일 거예요. 그럼 돌아가면서 받으면 되겠다. 오늘은 서연이가 가지고 놀았으니 내일은 가윤이가 가지고 놀고, 그다음 날은 내가 가지고 놀면 되겠네." 부모가 아이에게 다른 방법을 생각해볼 기회와 시간을 줌으로써 아이는 어떻게 문제를 해결할지 생각해보고 그 과정에서 안정을 찾게 된다. 아이라고 얕봐서는 안 된다. 때로는 어른보다 더 멋진 해결 방법을 생각해내기도 한다.

때로는 방법을 바꿔 감정이 잘 흐르도록 여러 가지 선택의 기회를 주는 것도 좋다. 그러면 사소한 일에 끝까지 매달리며 떼쓰는 난처한 상황은 피할 수 있다.

큰아이가 세 살 때 세발자전거를 배웠는데, 그때 어린이집에는 4대의 세발자전거가 있었다. 아이는 빨간색 자전거를 유난히 좋아했다. 바깥 놀이를 나갈 때마다 빨간색 자전거만 타려고 했다. 다른 친구가 먼저 타고 나가면 울고 떼를 썼다. 선생님께서 "세발자전거 좋아하지? 쌩 하고 타는 거 정말 재미있지?" 하며 아이의 감정에 공감해주자 아이는 차츰 진정했다. "세발자전거 재미있어. 그런데 이 미끄럼틀도 정말 재미있단다. 얼마나 재미있는지 한번 타볼래?" 아이는 미끄럼틀을 한번 타보았다. 아이가 세발자전거를 좋아하는 것이 미끄럼틀은 좋아하지 않는다는 뜻이 아니다. 선생님이 몇 주에 걸쳐 말씀하시자 빨간색 자전거를 차지하지 못했다고 우는 일은 서서히 없어졌다.

먼저 아이의 정서에 공감해주고 아이의 감정을 어루만져줘야 한다. 그러고 나서 아이 스스로 '빨간색 세발자전거를 차지하지 못했지만 괜찮아. 다른 놀이를 선택할 수 있으니까'라고 생각하면서 문제를 해결하도록 돕는다. 만약 선생님이 아이의 정서에 관심을 갖지 않고 그저 잘못된 행동을 고치려고 했다면 어땠을까? 심지어 아이가 빨간 자전거를 타지 못했다고 떼쓰는 행동에 대해 '벽 보고 서 있기 5분' 같은 벌을 내리기라도 했다면? 분명 완전히 다른 결과를 가져왔을 것이다.

아이의 정서에 공감할 때는 맹목적으로 하거나 대충 해서는 안 된다. 어른의 생각에서 벗어나 진심으로 아이를 이해해야만 아이가 자신의 정서 변화를 느끼고 부정적인 정서에서 벗어나도록 도울 수 있다.

Tip 2

상황에 맞춰 융통성을 발휘하자

정서 지도는 하나의 시스템 공정이라서 부모가 우선 자신의 관념을 바꾸고 자신의 정서를 제어할 수 있어야만 가능하다. 부모는 반드시 아이를 관찰하고 이해하고 여러 스킬을 동원해 구체적인 상황 속에서 이 방법들을 융통성 있게 활용해야 한다. 가장 중요한 것은 아이와 감정적으로 연결돼야 한다는 점이다.

큰아이가 스케이트 수업을 받으면서 승급 평가를 받을 때 동작이 너무 빠르고 일부 자세가 정확하지 않아 재시험을 보게 됐다. 코치님은 동작을 좀더 천천히 해보라고 하셨다. 큰아이는 풀이 죽어 집에 오는 차에서 계속 울었다. 아빠가 아무리 위로해도 소용이 없었다. 집에 돌아와 방으로 들어가서도 울음을 멈추지 않았다.

어떻게 해야 할까? 교과서대로 아이의 정서를 이해해줄까? "많이 속상하지? 엄마도 알아"라고 말하면 좋아질까? 그렇게 했더니 아이는 더 크게 울기 시작했다. 나는 다시 말했다. "엄마랑 얘기 좀 할까? 엄마랑 얘기해보고 싶지 않니?" 아이는 베개로 머리를 감싸고 울어댔다. 아이는 완전히 자신의 감정에 빠져 무슨 말을 해도 소용이 없었다. 아이가 귀를 막고 아예 듣지를 않았으므로 대화가 불가능했다. 그래서 그냥 좀더 울게 놔두기로 했다. "울고 싶으면 좀더 울어. 엄마는 저녁 준비하고 다시 올게." 하지만 아이는 나를 나가게 하지도 않았다. 울먹이며 "저랑 같이 있어 주세요"라고 말했다. "그럼 엄마가 여기서 무얼 했으면 좋겠어?"라고 묻자 "그냥 저를 도와주세요…"라고 했다.

나는 전혀 귀찮거나 화가 나지 않았다. 아이가 가엾었다. 이렇게 조그마한 아이가 얼마나 속상했으면 "그래, 이해해"라는 엄마의 위로에도 진정할 수가 없었을까. 사실 아이 역시 진정하고 싶었지만 자신을 제어할 수가 없었던 것이다.

"아빠가 그러시는데, 너무 빨라서 그렇대. 조금만 천천히 하면…"

내 말이 채 끝나기도 전에 아이가 "하지만 통제할 수가 없었어요. 천천히 할 수가 없었단 말이에요!"라고 말했다.

나는 원래 아이를 좀 진정시키고 나서 스스로 문제를 해결할 방법을 찾도록 할 생각이었다. 하지만 상황이 바뀌었으니, 상황에 맞춰 즉시 문제를 해결하도록 도와주기로 했다.

나는 아이 옆에 앉아 매우 흥분한 목소리로, "엄마가 무슨 생각을 했는지 맞춰볼래? 엄마가 어떻게 도와줄지 생각이 났어! 네가 천천히 움직게 해주는 고무줄을 줄게."

아이는 곧바로 베개에서 머리를 들며 물었다. "마법 고무줄이에요?"

나는 속으로 웃음이 났다. 이렇게 빨리 효과가 있을 줄이야. "네가 마법 고무줄이라고 한다면 마법 고무줄이야. 엄마가 그 고무줄을 네 손목에 걸어줄게. 네가 스케이트를 탈 때 이 고무줄이 계속 얘기할 거야. '천천히! 천천히 달려!'라고 말이야."

아이는 울음을 그치고 물었다. "정말 목소리가 나와요?"

"그럼, 당연하지! 어느 손에 걸까? 그 목소리는 손목에서부터 대뇌로 전달돼. 그러고 나서 어떻게 되는지 아니?"

아이는 머리를 만지며 말했다. "대뇌에서 제 몸, 손, 발로 전달돼서 천천히 움직이라고 명령해요. 맞죠?"

"맞아! 이 고무줄이 너에게 천천히 움직이라고 알려줄 거야. 어때? 이걸로 문제가 해결될 수 있겠지?"

아이의 생각을 문제 해결로 옮겨놓기만 했는데도 아이는 차츰 진정이 됐다. 아이는 홀가분해진 표정으로 나를 안으며 내 옷에 눈물을 닦았다. "네가 엄마와 이야기 나누고 싶다면 엄마의 귀를 줄게. 네가 울고 싶다면 기꺼이 엄마의 팔과 옷을 줄게. 엄마 아빠는 너를 사랑해." 내가 웃으며 이렇게 말하자 아이도 웃으며 말했다. "엄마, 이제 기분이 좋아졌어요."

모든 일은 과유불급이라고 했다. 불필요한 순간까지 아이의 정서를 공감해줄 필요는 없다. 예를 들어 아이가 친구의 장난감을 뺏으려다 빼앗지 못해 운다고 맹목적으로 아이의 감정에 공감해줄 수는 없다. 친구의 장난감을 가지고 놀고 싶다면 말로 얘기해야지 빼앗아서는 안 된다는 규칙을 설명해줘야 한다. 닭날개를 주문한 날 굳이 닭다리를 먹고 싶다고 떼를 쓴다면 "닭다리가 먹고 싶은데, 먹지 못해서 많이 속상했구나"라고 이야기하는 것보다는 "미안하지만, 오늘은 날개뿐이야"라고 직접 말하는 편이 낫다.

매 순간 교과서의 단계나 스킬을 따를 필요는 없다. 핵심은 부모와 자녀가 좋은 관계를 수립하고 부모가 아이를 충분히 이해하는 것이다. 이것이 전제됐을 때 상황에 따라 부모는 짧은 시간 안에 가장 올바른 판단을 할 수 있으며, 가장 좋은 해결 방법을 생각해 낼 수 있다.

제7장

만족을 지연하면 자기 통제력이 높아질까?

만족 지연은 단순히 아이가 필요를 충족하는 걸 지연시키는 것이 아니라 적절한 시간과 장소에서 하고 싶은 일을 하도록 하는 것을 말한다. 이는 자기 통제력의 일부분일 뿐 전체가 아니다. 자기 통제력은 실생활에서 조금씩 키워지는 것이다. 부모는 아이의 전체적인 자기 통제력을 키워줘야지, 특정한 일에 대해 '아이의 필요를 충족시켜줘야 할지 말아야 할지'를 고민할 필요는 없다.

많은 부모가 '만족 지연'이라는 단어를 알고 있다. 하지만 거기에 담긴 의미나 어떻게 실행하는지에 대해서는 조금씩 다르게 이해하고 있다. 어떤 부모는 문자 그대로만 이해해 '좋아, 아이가 필요로 하는 것을 늦춰서 충족시켜줘야지'라고 생각한다. 이런 사람들은 아마도 만족 지연을 일종의 교육 방법으로 오해하고 있는 것 같다. 다시 말해 '아이의 필요를 지연하여 충족시키는' 교육 방법을 통해 아이가 자기 통제력을 키울 수 있길 바라는 듯하다. 하지만 이러한 오해는 부모를 더욱 곤혹스럽게 할 수 있다. 일테면 다음과 같은 의문과 고민에 빠지게 된다.

★ 아이의 필요를 충족시켜줄 수 있었는데, 만족 지연 방법을 쓰다 보니 항상 아이를 충족시켜주지 못하게 돼요. 결과적으로 아이는 내가 고의로 자기를 괴롭힌다고 오해하고 저를 더 불신하게 됐어요.

★ 왜 일부러 장애물을 만들고 만족을 지연시키죠? 불합리한 요구라면 거절하고 그 이유를 설명하면 되지만, 합리적인 요구까지 왜 굳이 지연해야 하나요?

★ 만족 지연 방법을 써봤는데, 효과는 별로였어요. 아이가 뭘 요구할 때마다 아이에게 몇 분 기다려라, 아니면 며칠 기다려라 이야기했더니 이제는 어떤 일을 시키면 오히려 무언가를 사달라고 요구해요. 아이는 항상 울며 겨자 먹기로 시킨 일을 하거나 기다리죠. 이제는 반드시 해야 하는 일도 하지 않고 저랑 조건을 협의하려고 해요.

★ 만족 지연은 물건을 사는 데만 적용할 수 있나요? 보는 것마다, 아니면 사고 싶은 것을 사지 못하게 하는 것인가요? 거절할 때는 이유를 설명하거나, 구체적으로 언제 살 것인지 이야기해야 하나요? 그렇다면 아이의 정신적인 요구도 만족 지연이 가능한가요?

★ 만족 지연이라는 것이 중도노선을 걷는 것과 비슷한 개념인가요? 어떤 요구인지에 따라 때로는 즉시 만족시켜주고 때로는 늦추고, 또 아이의 개성에 따라 어떤 아이에게는 즉시 만족시켜주고 어떤 아이에게

는 시간을 끌다 만족시키는 것인가요?

만족 지연에 대한 오해와 부적절한 응용으로 많은 부모가 곤혹스러운 상황에 부딪히곤 한다. 실제로 많은 부모가 이상적인 교육 효과를 얻지 못했으며 '아이의 요구를 충족시켜줘야 하는지'에 대해 끊임없이 고민한다. 우선 만족 지연이 과연 무엇인지, 아이의 발달에 어떤 역할을 하는지, 만족 지연과 자기 통제력은 어떤 관계에 있는지 분명히 알아야 한다.

만족을 지연한다는 것의 의미

만족 지연의 원래 명칭은 'deferred gratification' 또는 'delayed gratification'으로 그대로 번역하면 '지연된 만족감'이 된다. 무언가를 원할 때 오래 기다린 후에 얻게 되면 '왜 이제야 얻게 됐나' 하고 원망하는 것이 아니라 여전히 만족감을 느낀다는 것이다.

이 개념은 발달심리학에서 말하는 인간의 능력 또는 인간의 속성으로서 적절한 장소나 시간을 기다린 후에 하고 싶은 일을 하는 능력으로, 자기 통제 또는 욕구 억제 능력을 반영한다. 반대 개념은 즉시 만족instant gratification으로, 이러한 속성을 지닌 사람은 대체로 욕구를 억제하는 능력이 부족하고 충동적이다. 다시 말해 '지연된 만족감'은 하나의 능력으로 '아이가 요구하는 것을 지연하여 만족시킨다'라는 의미에 국한된 것이 아니며, 단순히 일종의 교육 방법으로 봐서는 안 된다. '지연된 만족감'을 이해하려면 반드시 아동의 자기 통제력을 이해해야 한다.

만 12~18개월의 유아는 점차 자기 통제의 조짐을 보이기 시작한다. 예를 들면 "문 앞에서 잠깐만 기다리렴. 엄마가 방에 가서 가방을 가지고 나올 테니 함께 놀이터에 가자"와 같이 간단한 요구를 따를 수 있다. 아이는 바로 문을 열고 밖으로 나가고 싶은 욕구를 억제하고 문 앞에서 잠시 기다릴 수 있다.

여러 심리학자가 유아의 자기 통제력과 부모의 요구를 따르는 발달 과정에 흥미를 갖고 조기 자기 통제력에 대해 연구했다. 그 중 가장 유명한 것은 아마도 마시멜로 실험일 것이다.

1960년대 월터 미셸Walter Mischel 박사는 스탠퍼드대학교의 유치원에서 마시멜로 실험을 했다. 실험자는 만 4세 유아를 대상으로 마시멜로 하나를 주면서 말했다. "지금 바로 먹어도 되지만 내가 돌아올 때까지 안 먹고 기다리면 하나 더 줄게." 실험자가 나가고 나서 혼자 남겨진 아이 중에는 바로 마시멜로를 먹은 아이도 있었고 실험자가 돌아올 때까지 꾹 참고 기다린 아이도 있었다. 물론 꾹 참고 기다린 아이들은 마시멜로를 2개씩 먹을 수 있었다. 그 후 연구원들은 이 아이들이 고등학교를 졸업할 때까지 추적조사를 했다. 4세 때 마시멜로 2개를 얻기 위해 기다릴 줄 알았던 아이들은 비교적 강한 경쟁력과 높은 효율, 자신감을 가지고 있었다. 이 아이들은 좌절과 스트레스를 더 잘 견뎌냈으며 책임감과 자신감이 강해 다른 사람으로부터 신뢰를 얻었다. 하지만 유혹을 이기지 못한 아이들은 좌절을 감당하는 능력과 자기 통제력이 약했다. 스트레스 앞에서 당황하고 일의 효율이 떨어졌으며 자신감과 책임감이 부족했다.

이 실험 후 아이들에게 '지연된 만족감'을 길러주는 데 사람들의 관심이 쏠렸다. 만족감을 지연할 줄 아는 아이는 어느 정도의 자기 통제력을 갖추고 있고, 이 능력은 장차 학습 능력과 고난을 극복하는 능력에 확실히 긍정적인 영향을 미쳤다. 이렇듯 만족 지연의 궁극적인 목적이 자기 통제력을 길러주는 것이라면, 자기 통제력의 개념을 짚어볼 필요가 있다.

자기 통제력과 만족 지연

많은 사람이 '만족 지연'을 문자 그대로 '아이의 요구를 지연하여 만족시키는 것'으로 알고 있다. 이는 아이를 교육하는 것과 직접적인 관계가 있다. 실제로 아이를 교육하는 과정에서 아이를 지나치게 떠받들어 하나에서 열까지 해달라는 대로 해주면, 절제 없이 많은 요구를 하는 아이들이 생긴다. 부모는 종종 아이가 요구를 하는 상황에서야 '아이의 요구를 지연하여 만족시켜야 할까? 그렇게 하면 아이의 자기 통제력이 길러질까?' 하고 생각한다. 우리는 만족 지연과 자기 통제력이 어떤 관계에 있는지 반드시 알아보아야 한다.

'지연된 만족감'은 일부 특정한 상황에서 나오는 아동의 자기 통제력이다. 하지만 자기 통제력은 '지연된 만족감'보다 더 넓은 개념이다. 방금 말한 것과 같이 유아가 부모의 간단한 지시를 따르는 것 역시 자기 통제력의 일부분이다. 그러므로 '지연된 만족감'은 아동의 자기 통제력이 발달하는 데 일부분을 차지한다고 할 수 있다.

자기 통제력이 '지연된 만족감'만으로 표현되는 것은 아니다. 단지 실제 육아에서 지연 만족이 필요한 상황이 많이 보이기 때문에 부모가 종종 이러한 상황에 주목해서 고민하는 것뿐이다. 예를 들어 '아이가 이런저런 요구를 하거나 이것저것 하고 싶다고 하는 것들을 모두 허락해야 할까?' 하는 정도다.

우리가 길러줘야 하는 것은 아이가 적절한 시간에 적절한 일을 하도록 기다릴 줄 아는 능력임을 기억해야 한다. 이것이 '지연된 만족감'의 원래 의미다. 적절한 시간에 적절한 일을 하는 상황이라면 굳이 사사건건 미룰 필요가 없으며, 일부러 아이의 요구를 충족시켜주지 않을 이유가 없다. 이유 없이 아이를 항상 기다리게 한다면 오히려 더 많은 문제가 발생할 수 있다. 부모에 대한 아이의 신뢰를 깨뜨리고 부모와의 관계를 무너뜨릴 수 있으며, 항상 따지고 재거나 물질과 자신의 요구만을 지나치게 강조하는 아이로 변할 수도 있다.

이번 장을 시작하면서 말한 일부 부모의 고민인 '아이의 정신적인 요구도 지연하여 만족시켜야 하는가?'에 대해서 생각해볼 필요가 있다. 아이의 정신적인 요구를 부모가 즉시 충족시켜주지 않는다고 해서 자기 통제력을 기를 수 있을까? 당연히 아니다. 아이의 감정에 대해 즉각적이고 적절하게 반응하지 않는다면 자기 통제력을 기를 수 없는 것은 물론이고, 오히려 부모와 자녀의 관계를 해칠 뿐이다. 만족 지연이 아이의 자기 통제력을 일부 길러주긴 하지만 무조건 '지연'하는 것은 곤란하다.

그렇다면 자기 통제력은 아이의 성장에서 어떤 중요성을 가질까?

자기 통제력을 전체적으로 키워라

일반적으로 부모는 만족을 지연시키는 상황에서 자기 통제력을 체감한다. 하지만 아동의 학업과 사교성 및 정서 발달 측면에서는 자기 통제력의 역할이 주목받지 못했다. 부모는 '아이의 요구를 만족시켜야 할지 만족시키지 말아야 할지' 같은 눈앞의 작은 고민에서 벗어나 자기 통제력의 더 많은 기능을 인식하고 전체적인 자기 통제력을 발달시킬 필요가 있다.

자기 통제력은 아이의 학습에 매우 중요하다

줄곧 즐거운 교육을 추구하며 아이가 구속 없이 성장하도록 해왔다는 어떤 부모는 아이가 초등학교에 입학한 후 적응력이 매우 떨어진다는 사실을 발견했다. 학업을 따라가지 못해 항상 선생님께 부정적인 평가를 받자, 이것이 아이의 학습상 문제라고 판단하고 이것저것 과외를 시켰다고 한다. 하지만 실제로는 학업을 따라가지 못하는 것이 아니라 자기 통제력 부족이 학업에 영향을 미쳤을 가능성이 크다.

학습할 때 우리는 어떤 목표에 도달하는 과정까지 지속적으로 모니터링하면서 목표를 실현하는 전략을 수시로 조절할 수 있다. 새로운 글자를 배운다고 가정하자. 이 글자는 어떻게 발음하고 어떤 글자와 비슷하게 생겼으며 비슷한 부분은 무엇이고 다른 부분은 무엇인지 배운다. 이때 비슷한 글자와 헷갈리지 않도록 주의해야 한다. 그래서 서로 다른 부분을 반드시 기억해야 한다. 다른 부분 기억 전략은 기억력을 향상시키므로 이 부분을 잘 활용하면 학습 효과를 높일 수 있다. 이것을 '인지 자기 조절 능력'이라고 하며 자기 통제력의 한 측면이다.

영유아와 학령기 이전 아동은 이미 학습과 관련된 자기 통제력의 기초를 가지고 있다.

우리 집에는 여러 가지 방식의 스위치가 달린 영아 장난감이 있다. 손가락으로 누르면 오리가 꽥꽥 울고 회전형 스위치를 돌리면 새가 노래를 부른다. 위아래로 움직이는 스위치를 켜면 청개구리가 폴짝폴짝 뛴다. 이러한 장난감은 섬세한 동작의 발달을 촉진하면서 아이의 자기 통제력까지 촉진한다. 이 중 어떤 스위치가 가장 쉬울까? 영아에게는 누르는 방식이 가장 쉽다. 섬세한 동작 발달이 덜 돼 손가락을 사용할 수 없다면 손바닥으로 누르면 된다. 하지만 청개구리가 폴짝폴짝 뛰는 것을 보고 싶다면 스위치를 누르려는 충동을 이겨내고 집중해서 손가락으로 스위치를 위아래로 움직여야 한다.

실생활과 놀이 중에는 이렇게 부모가 주목하지 않은 많은 기회가 있다. 이러한 상황에서 아이들은 불필요한 간섭 없이 집중할 수 있다. 연구 결과 자기 통제력이 비교적 강한 아이는 집중력이 높아 정보를 작업 기억에 긴 시간 동안 저장할 수 있었고, 이것이 아이의 학업 발달에 유리하게 작용하는 것으로 나타났다. 또한 조기의 양호한 자기 통제력이 유아의 언어 발달에 긍정적인 역할을 하며, 학령기 아동의 읽기와 수학 능력에도 장기적으로 긍정적인 영향을 미치는 것으로 나타났다.

자기 통제력은 사교성 발달에도 도움이 된다

아동은 자신의 정서를 전략적으로 조절함으로써 정서 상태가 편안한 범위 안에 있도록 할 수 있어야 한다. 이를 '자아 정서 조절 능력'이라고 하며 자기 통제력과도 관련된다.

예를 들어 핼러윈데이 오후에 비가 내려 밤에 사탕을 받으러 나갈 수 있을지가 불확실해졌다면, 어떤 아이는 화를 내고 울며 떼를 쓴다. 하지만 어떤 아이는 자기 자신을 위로하며 엄마가 차로 데려다주면 비를 맞지 않을 수 있다고 이야기한다. 또 다른 예로 공사장 근처를 지날 때 덤프트럭이 큰 소리를 내며 지나가면 어떤 아이는 무서워하며 귀를 막지만, 어떤 아이는 잠시 불편해할 뿐 크게 개의치 않는다. 이러한 것들이 모두 자아를 조절하는 스킬 중 하나다. 아이들이 점점 더 많은 전략을 응용하게 되면 울고 떼쓰는 일이 줄어든다. 자기 통제력이 강한 아이는 사교 스킬을 비교적 일찍 터득한다. 반면 정서 조절 능력이 떨어지는 학령기 이전 아동은 문제 행동 탓에 유치원에서 친구들과 원만한 관계를 이루지 못하기도 한다.

아이가 어느 정도의 시간을 기다리도록 하는 것은 자기 통제력뿐만 아니라 사교성의 발달에도 도움이 된다. 예를 들어 생일파티 같은 모임이 있을 때 생일 케이크는 다 같이 나누어 먹는다. 누가 얼마나 케이크를 좋아하는지와 상관없이 주인공이 나누어줄 때까지 기다려야 한다. 이때 몇몇 아이가 동시에 서로 달라고 하면 주인공이나 케이크를 나눠주는 부모는 그중 한 아이에게 먼저 주면서 다른 아이들에게는 조금만 기다리면 곧 차례가 올 거라고 설명할 것이다. 기다릴 줄 아는 아이는 그 말을 이해하고 따른다. 하지만 기다릴 줄 모르는 아이는 소란을 피운다. 이런 아이들은 대체로 친구들에게 환영받지 못한다.

이제 우리는 자기 통제력과 관련된 내용에는 '만족 지연' 외에도 많은 것이 있다는 사실을 알게 됐다. 또한 만족 지연에 국한되지 않고 자기 통제력이라는 시각에서 출발하면 아이의 성장을 더 잘 관찰할 수 있다는 사실도 알게 됐다. 자기 통제력이 이렇게 중요한 만큼 이를 어떻게 길러줄 것인가에 대해 생각해볼 필요가 있다.

자기 통제력을 키워주는 방법

자기 통제력은 아동의 발달 특징과 모순되지 않는다

우선 부모가 경계해야 할 부분이 있다. 아동의 연령에 따른 특징을 반드시 존중하고 아이에게 현실적인 기대를 가져야 한다는 것이다. 성인은 동시에 여러 가지 일을 할 수 있다. 예를 들어 식사 준비를 하면서 친구와

통화를 할 수 있고, 내일 무엇을 살지도 동시에 생각할 수 있다. 하지만 아이에게는 어려운 일이다.

아이는 양치질을 하러 가다가 자기가 좋아하는 장난감을 발견하면 양치질은 까맣게 잊어버린다. 성인은 마음에 들지 않는 선물을 받아도 웃으면서 감사를 표현할 줄 알지만 아이는 "나는 이 선물 마음에 안 들어!"라고 말해버린다.

요즘 아이들은 충동이나 욕구나 감정 등을 다스리지 못하는데, 이는 자기 통제력 그리고 대뇌의 발육과 관계가 있다. 예를 들어 전전두엽은 판단과 추리, 조절 등을 담당하는데 아동이나 청소년 시기까지도 발달을 계속해서 20세가 돼야 완전히 성숙한다.

그러므로 성인을 기준으로 아이에게 요구를 해서는 안 된다. 또한 아동 자신의 천성을 존중해야 한다. 어떤 아이는 새로운 사물에 쉽게 적응하고 빨리 반응한다. 하지만 어떤 아이는 적응하는 데 어려움을 겪기도 한다. 어떤 아이는 다른 아이에 비해 도움이 더 필요할 수 있고 발달하는 데 시간이 더 오래 걸리기도 한다. 오래 걸린다 하더라도 이는 모두 정상이며, 아이의 발달 상태에 지나친 요구를 하는 것은 아닌지 생각해볼 필요가 있다.

마시멜로 실험을 보고 어떤 부모는 아이가 유혹을 이겨내면서 자기 통제력을 기르도록 해야겠다고 생각했다. 일부러 아이를 데리고 마트에 가서 좋아하는 장난감을 보게 했다. 당연히 아이는 그 장난감을 사달라고 하는데, 일부러 사주지 않고 이 장난감의 가격이 우리 집 생활비 중 어떤 항목의 지출과 맞먹으므로 이걸 사고 싶으면 엄마 아빠가 회사에서 돈을 벌어서 계획대로 아껴 써야 한다고 구구절절 설명했다. 이렇게 하면 아이의 인내심을 기를 수 있을 것이라고 생각한 것이다. 하지만 유아의 대뇌 발육 현실은 매우 이성적으로 욕구를 억제할 수 있는 수준이 아니다. 게다가 아이들은 아직 돈의 개념의 명확하지 않아 부모의 수입·지출과 장난감의 관계를 이해할 수 없다. 그런데도 이렇게 '유혹'해놓고 사주지 않는 일을 반복하다 보면 아이는 상처를 입게 된다. 아이는 엄마 아빠를 신뢰할 수 없으며 자신을 사랑하지 않는다고 오해하고, 항상 불만족인 상황에 이르게 된다.

또 다른 '유혹 훈련'도 있다. 어떤 엄마는 아이에게 간식을 주고 어떻게 먹을 것인지 스스로 결정하라고 이야기한다. 다음 날까지 참았다가 먹으면 상으로 간식을 주고 참지 못하면 간식을 주지 않았다. 이 엄마는 이런 방법으로 아이가 유혹을 이겨내는 능력을 기를 수 있다고 생각했다. 이해득실을 따져서 자아를 극복하고, 더 많은 이익을 얻게 할 수 있다는 것이다. 내일을 위해서는 반드시 오늘의 욕구를 극복해야 한다.

하지만 이런 훈련은 아동의 발달 특징에 부합하지 않아 보인다. 대뇌의 전전두엽은 유아기에 조금밖에 발달하지 않기 때문에 유아에게 눈앞의 유혹을 이겨내며 이해득실을 따지게 하는 것은 과한 욕심이다. 이런 방법은 오히려 아이에게 해를 끼친다. 어떤 아이들은 아무리 좋아하는 물건이 있어도 부모에게 사달라고 하지 않는다. 말을 해봤자 사주지 않을 게 뻔하기 때문이다. 어릴 때 지나치게 자제하던 아이가 어른이 돼 쇼핑할 때 자기 자신을 제어하지 못하는 경우도 있다. 모든 일은 과유불급이라고 했다. 욕구를 극복하도록 아이를 지나치게 밀어붙이면 역효과가 나타난다.

아이의 성장 규율을 존중하고, 지나친 요구를 하지 않고 과한 방법을 쓰지 않으면서, 다양한 환경에서 아이의 자기 통제력을 키워주는 것이 부모의 과제다.

자기 통제력을 키울 기회는 모든 실생활에 숨어 있다

유아는 친구들과 함께 놀 수 있어야 한다. 학령기가 되면 친구는 더 많아진다. 이 시기 아이들은 친구들과 일주일에 닷새, 아침부터 오후까지 함께 지낸다. 자기 통제력은 아동의 사교 스킬과 교우관계에서 중요한 역할을 한다.

많은 사회적 상황에서 자연스럽게 자기 통제력을 기를 수 있다. 예를 들어 어린이집에서 한 아이가 장난감을 가지고 놀고 있는데, 다른 아이가 그것을 가지고 놀고 싶어 하면 어떻게 될까? 처음에 아이는 자기의 욕구를 억제하지 못하고 빼앗으려고 할 것이다. 이때 선생님이 "장난감은 돌아가면서 사이좋게 가지고 놀아야지. 네 차례가 돼야 가지고 놀 수 있어"라고 말하거나 "네가 가진 장난감을 친구의 것과 바꿔서 놀아볼까?"라고 할 수도 있다. 언어 표현이 가능한 아이라면 선생님은 "빼앗지 말고 말로 이야기해보렴. 상냥하게 '내가 잠깐 가지고 놀아도 되니?'라고 말해볼까?"라고 유도할 수 있다. 그리고 미끄럼틀을 탈 때 유아는 놀이 규칙과 안전 규칙을 반드시 배워야 한다. 친구들과 안전하게 놀기 위해서는 밀지 말고 차례차례 타야 하고 아래에서 거꾸로 올라가선 안 된다. 이러한 상황에서 규칙을 분명히 설명하고 규범에 맞게 행동하도록 하면 아이의 자기 통제력을 기를 수 있다.

친구들과 함께 놀 때는 모두가 저마다의 역할이 있다. 놀이를 계속하려면 반드시 놀이 규칙을 준수해야 한다. 의자를 길게 놓고 다 함께 기차놀이를 하면서 한 친구는 기관사를 하고 다른 친구들은 승객을 하기로 했다면, '승객'을 하기로 한 친구들은 반드시 승객으로서 규칙을 지켜야 한다. 마음대로 돌아다녀서는 안 되며 역에 도착했을 때만 자리에서 일어나 내릴 수 있다. 그리고 사전에 상의해서 역할을 정했다면 마음대로 바꿔서도 안 된다. 마음 내키는 대로 기관사를 했다가 승객을 했다가 해서는 안 된다. 규칙을 어기면 친구들이 같이 놀고 싶어 하지 않을 것이다. 이처럼 아이들은 놀이를 할 때 자기 통제력과 친구와 잘 지내는 능력을 함께 기를 수 있다.

만약 아이에게 아무 이유 없이 움직이지 말고 서 있으라고 한다면 해낼 수 있는 아이는 거의 없을 것이다. 하지만 친구들과 놀 때는 비교적 강한 자기 통제력을 보이기도 한다. '나처럼 해봐라 요렇게' 같은 놀이를 한다면 아이는 다른 친구의 동작에 집중하고 친구의 동작을 그대로 따라 하기 위해 애를 쓸 것이다. 이렇게 하면 간섭 없이 자신의 의지로 동작을 통제하는 데 큰 도움이 된다. '그대로 멈춰라' 놀이를 할 때도 아이들은 비교적 긴 시간 동안 움직이지 않을 수 있다. 그래서 아이들을 잠시 조용히 하게 할 때 이런 방법을 응용하기도 한다. 놀이는 아이들을 집중해서 생각하게 하고 의식적으로 자신의 동작에 주의하게 한다. 이 모든 것이 자기 통제력을 훈련시킨다.

아이 스스로 자기 통제력을 키우도록 유도하자

적절한 상황에서 자기 통제력의 정의에 대해 말로써 설명해주면 아이 스스로 자기 통제력을 키우도록 유도할 수 있다.

작은아이를 데리고 이비인후과에 간 적이 있다. 의사가 검이경으로 귀를 들여다보려 하자 아이는 몸을 움츠리며 고개를 돌려버렸다. 그러자 의사가 아이에게 신기한 도구를 쥐여주면서 잠시 놀게 한 후, 아이의 엄지와 검지를 구부려 원을 만들게 하고 도구를 그 안에 넣어 가볍게 돌렸다. 그리고 이렇게 말했다. "조금 있다가 이렇게 귓속을 볼 거야. 움직이면 다칠 수 있단다. 가만히 앉아 있으면 빨리 끝낼게. 그리고 아프지도 않단다." 아이는 고개를 끄덕였다. 의사가 검사를 시작했고, 아이는 긴장했는지 어깨를 떨었다. 나는 아이를 안아주며 "이렇게 얌전히 앉아 있다니, 정말 잘했어. 협조해줘서 고마워. 이게 바로 자기 통제라는 거야"라고 말했다. 의사도 오늘 환자 중 최고로 훌륭하다고 칭찬해주었다. 의사가 검사를 마쳤을 때 아이는 눈물을 조금 훔치긴 했지만 "제가 최고로 훌륭한 환자지요? 스티커 받을 수 있겠다"라고 말했다. 당시 나는 진심으로 감동했고 감격스러웠다. 아이는 최고로 훌륭한 환자가 되기 위해 의식적으로 자신의 행동을 통제했던 것이다. 어려서 못 할 것이라고 생각했다면 오산이다. 조금만 칭찬해주면 상당한 자기 통제력을 발휘할 수 있다. 다음번 진료 때 자기 통제력을 얘기하자 아이는 지난 성공 경험을 떠올리고는 자신감을 비치며 검사에 더욱 협조해주었다.

아이가 그림을 그리거나 놀이를 할 때 혼잣말을 중얼거리곤 하는데 이것을 끊거나 못 하게 해서는 안 된다. 레프 비고츠키Lev Vygotsky가 아동의 혼잣말을 연구한 결과, 혼잣말을 통해 자기의 행동을 조절하고 지도한다는 사실을 발견했다. 예를 들어 막 신발 끈을 묶을 수 있게 됐을 때, 아이는 혼잣말로 신발 끈 묶는 단계를 읊조리며 손을 움직인다. 비고츠키는 또한 아동이 도전적인 문제에 직면했을 때 혼잣말을 하는 경우가 많다는 것도 발견했다. 아이가 혼잣말을 할 때는 더 오래 집중했으며 더 인내심을 가지고 문제를 해결할 수 있었다. 나이가 올라가고 능력이 발달하면 차츰 '생각'을 말할 필요가 없어지며, 대뇌가 발달하면서 아이의 자기 통제력 역시 점점 좋아진다.

유아의 자기 통제력 발달을 도와주는 유명한 방법 중 마음의 도구tools of the mind라는 것이 있다. 이것은 미국의 많은 유아 기관에서 채택한 커리큘럼으로 비고츠키의 '비계 설정scaffolding(비계는 건물을 짓거나 청소할 때 인부들을 받쳐주는 임시 작업대를 말하며, 여기서는 어른이 아동과 상호작용을 하면서 적절히 도움을 제공하는 것을 가리킨다—옮긴이)' 원리에 기초한다. 선생님이 비계와 같은 도움을 주는 것인데, 다시 말해 아동 발달의 신체적·심리적 특징에 근거해 꼭 알맞은 도움을 주고 아동이 발달함에 따라 점차 도움을 줄이면서 아이 스스로 목표를 실현하도록 하는 것이다.

이 커리큘럼을 진행하는 유치원에서는 유아의 모든 활동에 대해 집중력을 높이는 비계식 도움을 준다. 선생님이 외부적 도움을 제공하면서 아이들이 더욱 집중하도록 하는 것이다. 예를 들어 선생님이 이야기를 읽으면서 "여러분, 잘 들으세요. 이야기를 잘 들을 귀를 꽉 잡으세요"라고 말한다. 아이들이 귀를 잡으면 집중하는 시간이 더 길어졌다. 친구들이 발표할 때 아이들이 친구의 말을 끊지 않도록 하기 위해서 선생님은 귀가 그려진 그림을 들게 했다. 이 그림은 아이가 집중해야 한다는 사실을 일깨워주고 다른 친구의 말을 끊으려는 욕구를 억제하게 한다. 선생님은 가상놀이를 통해 아이들이 놀이 규칙을 지키도록 하면서 머릿속으로 자신의 행동을 유도하게 했다.

이 마음의 도구 프로젝트는 성공적이었다. 저소득 가정의 유아를 임의로 나누어 각각 이 커리큘럼이 개설된 유치원과 개설되지 않은 유치원에 입학시켰다. 1년 후 전자의 아이들은 자기 충동 억제와 집중력 부문에서 점수가 높게 나타났다. 이를 통해 학자들은 마음의 도구를 통해 집중력을 높이면 학업 및 정서와 행동 문제를 예방할 수 있음을 알게 됐다.

맨 처음 '만족 지연'의 고민으로 돌아가 보자. 만족 지연에 대해 오해가 다 풀렸는지 모르겠다. 자기 통제력이 더 넓은 의미를 가지고 있음을 이해하고 자기 통제력을 기르는 과정에서 주의해야 할 문제를 알게 됐다면 아이의 성장 과정에서 직면하는 여러 요구에 대해 좀더 침착할 수 있으리라 믿는다. 부모가 높은 곳에서 보면 아이의 자기 통제력을 전체적으로 기를 수 있고 이를 통해 일련의 선순환을 촉진할 수 있다.

적절한 시간에 적절한 일을 하는 것이 자기 통제력의 기본이다

'아이의 요구를 즉시 만족시켜줘도 될까?' 하는 고민에서 벗어나자. 부모와 자녀 사이에 양호한 소통과 사랑이 전제된 상태에서 아이를 충분히 이해시키고 자기 통제력을 키울 수 있도록 하는 것이 중요하다. 그러면 아이는 무절제하게 요구하지 않게 되고, 부모가 조금 기다리게 한다고 해서 원망하지는 않을 것이다. 아이의 자기 통제력을 키우는 것은 적절한 시간에 적절한 일을 하게 하는 것이 기본이다. 다시 말하면 아이의 내재적 동기를 자극해 자기 관리를 하게 하는 것이다. 다음의 팁이 아이의 요구를 대할 때 도움이 될 것이다.

아이가 감당할 만한 기회를 주자

영유아의 자기 통제력을 길러주기 위해 일부러 특별한 기회를 만들 필요는 없다. 생활 속에는 아이가 기다리고 충동을 억제하도록 하는 자연적인 기회가 얼마든지 있다. 물론 아이의 자기 통제력은 아직 미숙하기 때문에 부모가 수시로 일깨워줘야 하지만, 생활 속에서 자연적으로 훈련할 수 있다.

누구나 한 번쯤은 아이가 뜨거운 밥이나 물을 입으로 가져가려고 했던 순간을 경험한

적이 있을 것이다. 어떻게 해야 할까? 어떤 부모는 수단과 방법을 가리지 않고 밥과 물을 식혀줄 것이다. 두 살짜리 아이를 둔 한 엄마가 죽 먹던 날의 이야기를 들려주었다. 그녀는 죽이 너무 뜨거워서 두 그릇에 나누어 식혔다. 그런데 아이가 죽을 다른 그릇에 담은 것을 못마땅해하며 자기가 사용하던 그릇을 고집스럽게 요구하고 울어댔다는 것이다. 그 바람에 자신과 아이 모두 힘들었다고 하소연했다.

그 엄마는 왜 아이에게 기다리라고 하지 않았을까? 많은 부모가 아이의 능력을 과소평가하고 아이가 기다리지 못할 것을 두려워하며, 우리 아이는 성격이 급해서 바로 주지 않으면 난리가 난다고 말한다. 많은 연구를 통해 만 18~36개월 아이는 서서히 자기 통제력을 배우게 된다는 사실이 밝혀졌다. 예를 들어 생일 케이크를 먹은 후에 선물을 뜯어본다든지, 한 친구가 먼저 놀고 난 후 그 장난감을 가지고 노는 것 등에서 짧은 기다림 정도는 가능하다는 사실을 엿볼 수 있다. 부모가 일깨워준다면 아이들은 기다릴 수 있다. 그러고 나서 적절한 시간이 됐을 때 적절한 행동을 할 수 있다. 조금 큰 유아는 혼잣말을 하거나 노래를 부르거나 그 밖에 주의력을 분산시키는 방법을 사용하여 전략적으로 자기욕구를 억제할 수 있다.

마시멜로 실험에서 실험자가 돌아올 때까지 기다린 네 살짜리 아이는 눈을 감거나 다른 곳을 바라보거나 자기 옷의 꽃무늬를 세어보기도 했다. 아이들은 노력을 통해서 의식적으로 자신의 주의력을 마시멜로로부터 분산시켰다. 마시멜로를 하늘의 구름으로 상상하거나 마시멜로에 액자가 끼워진 것 같다고 상상하면서 무려 18분을 기다린 아이도 있다.

4~5세에 불과한 아이일지라도 부모가 생각하는 것처럼 그렇게 성격이 급해서 즉시 만족시켜주지 않으면 울고 떼쓰는 경우는 드물다. 아이의 자기 통제력은 이미 발달하기 시작했으므로 부모가 조금만 도와줘도 더 좋아질 수 있다.

나는 작은아이가 어렸을 때부터 기다리는 법을 알게 했다. 밥그릇을 아이 앞에 놓으면서 "밥에서 연기 나는 것 보이지? 몹시 뜨겁단다. 엄마가 불어줄게. 식으면 먹으렴"이라고 말했다. 아이가 연기와 뜨거운 것을 연결할 수 있도록 가끔 밥을 할 때 밥솥 옆에서 연기가 피어오르는 것을 보게 하거나 손으로 연기를 스쳐보게 했다. 이렇게 직접 체험하면 열기를 직접 이해할 수 있다. 아이가 바로 먹어야 한다고 떼를 쓸 때는 데일 정도가 아니라면 먹게 했다. 아이는 한 입 먹고는 뜨겁다며 뱉는다. 그럼 아이에게 이렇게 이야기한다. "보렴. 뜨겁다고 말했지? 엄마가 불어줄게. 조금 식으면 먹자." 한두 번 뜨거운 것을 경험하고 나면 기다리는 편이 낫다는 것을 알게 된다. 물론 아이는 아직 어리기 때문에 가만히 앉아서 기다리는 것은 어려운 일이다. 아이가 잠시 다른 것을 하게 해도 좋다. 죽을 조금 떠서 스스로 식히도록 하거나 수를 헤아리는 게임을 할 수도 있다. 후 불 때마다 한 번, 두 번 하고 수를 헤아리는 것이다. 아니면 재미있는 죽 노래를 만들어 부를 수도 있다. 아이들은 이러한 과정에서 기다리는 법을 배우고 자기 통제력을 조금씩 키워간다.

생활 속에서는 이렇게 자연적인 상황이 얼마든지 있다. 부모가 신경 써서 찾고 기회를 잡으면 아이가 전략적으로 주의력을 분산하는 능력을 키우게 할 수 있다. 이것은 고의로 유혹을 만드는 것이 아니라 생활 속에서 자연적으로 생기는 것이며, 부모는 아이를 도와 함께 이겨내는 입장에 서야 한다.

요구를 적절하게 충족시켜주면 선순환이 이뤄진다

새 학년이 되면 아이는 새 가방을 사고 싶어 한다. 이 요구는 부적절한 것은 아니지만 당일 바로 사러 갈 필요는 없다. 개학을 얼마 남겨두지 않았을 때 대부분의 상점에서 할인을 많이 해주므로 "2주 후에 개학하지? 이번 주말에 세일하니까 그때 사러 가자"라고 말할 수 있다.

그리고 일정 범위 내에서 아이 스스로 선택하게 함으로써 자신의 욕구를 억제하도록 할 수 있다. 아이를 데리고 놀러 갔을 때도 나는 기념품을 딱 1개만 사도록 한다. 아쿠아리움의 출구에는 대개 기념품 상점이 있다. 들어가기 전에 다시 한 번 우리의 원칙을 강조했다. 큰아이는 2개를 마음에 들어 했다. 2개의 물건을 들고 아무 생각 없이 계산대에 왔다. "잘 생각해봐. 어떤 것을 살 거니? 선택해봐" 하자 큰아이는 한참을 생각하더니 하나를 골랐다. 물질에 대한 아이의 요구를 합리적으로 충족시켜주는 것은 무조건 해달라는 대로 해주는 것도, 그렇다고 일부러 충족시켜주지 않는 것도 아니다. 빠르고 편리한 현대 생활에서는 즉각적으로 원하는 것을 충족시켜줄 기회가 많지만, 부모에게는 이 과정에서 아이가 기다렸다가 얻는 방법을 터득하도록 돕는 지혜가 필요하다.

아이와의 양호한 소통을 통해 이해득실을 따져보되, 아이에게 어느 정도의 자주권을 줘야 한다. 아이들은 차츰 자아 관리를 실현하면서 내재적 동기를 형성할 수 있다. 많은 부모가 아이들의 요구를 항상 충족시켜줘서 아이가 끝없이 요구하면 어쩌나 걱정한다. 하지만 요구를 합리적으로 충족시켜주면서 아이의 감정과 선택의 권리를 존중하면, 그런 일은 생기지 않는다.

하루는 아이들을 데리고 시장에 갔다가 오트밀을 사는데 작은아이가 옆에서 다른 종류의 스위트오트밀을 보더니, "엄마, 이건 제가 먹어본 적 없죠?" 하고 물었다. "전에 엄마가 산 적이 있는데, 기억 안 나니? 너무 달아서 건강에 해로워. 너희도 잘 먹지 않아서 최근에는 사지 않은 거야." 이렇게 설명하고 가려는데, 작은아이가 아쉬운지 "엄마, 우리 다음에는 이것으로 사요" 했다. 두 아이를 데리고 시장에 올 때는 건강에 이로운 것들을 고른다. 가끔 사지 말아야 할 물건을 원하기도 하지만 가끔이기에 사주기도 한다. "그렇게 먹고 싶니? 그렇다면 사줄게." 아이는 물건을 한 번 보고 나를 한 번 보더니, "다음에 사요" 했다. "오늘 조금만 사줄게. 달기는 하지만 가끔 먹는 것은 괜찮아." 두 아이는 뛸 듯이 기뻐하며 장바구니에 담았다.

아이들은 유치원에서 건강한 식습관에 관한 교육을 받는다. 영양 피라미드를 배웠기 때문에 어린이가 건강하게 성장하기 위해서는 당분을 지나치게 먹는 것은 좋지 않다는 것을 알고 있어 스스로 절제할 수 있다. 그러므로 이런 사소한 요구는 기쁘게 충족시켜줄 수 있다. 이렇게 하면 선순환을 형성할 수 있다. 이번에 곧바로 아이들을 충족시켜주었다고 해서 다음에 무절제하게 요구할까 봐 걱정할 필요가 없다. 왜냐하면 나는 아동 발달의 주체성을 믿고 있기 때문이다. 아이가 어떻게 요구하고 무엇을 요구하는지는 '부모가 어떻게 충족시켜주었나'라는 조건에 의해서만 결정되는 것이 아니다. 아이들은 스스로의 이해와 사고, 관점에 따라 결정할 수 있다.

간식을 예로 들면, 부모가 통제하느냐 통제하지 않느냐가 아니라 아이가 이해하느냐 이해하지 못하느냐의 문제다. 신체가 발육하는 데에는 균형 있는 영양이 필요하고 당분은 영양 피라미드의 꼭대기에 있다는 사실을 이해하면 대부분의 아이는 단것을 먹고 싶다는 욕구를 억제할 수 있다. 부모와 자식 간의 관계에서도 부모는 아이들을 이해해야 한다. 때로 부모가 한발 물러나 아이의 작은 요구를 들어주면 아이들은 항상 '만족'한다고 느낀다. 커다란 원칙이 있다면, 그 안에서는 충족되지 않는 것이 있어도 더 쉽게 받아들인다. 그렇지 않으면 큰 일이나 작은 일이나 모두 만족하지 못해서 아이들은 엄마 아빠가 항상 자신들을 충족시켜주지 않는다고 느끼며, 어떤 일에도 쉽게 협조해주지 않는다.

먼저 서로 간에 좋은 관계를 형성하는 것이 중요하다. 그리고 평소 생활에서 아이가 자기통제력을 기르고, 스스로 생각하고 선택하도록 해야 한다.

제**8**장
◇◇◇◇◇◇◇◇◇◇◇◇◇

왜
칭찬할수록
대단해질까?

칭찬에도 방법이 있다. 기본은 아이를 더 많이 진심으로 사랑해주는 것이다. 그런 다음 성공과 실패는 단지 결과에 불과하며 과정에서 쏟은 땀과 수확이 더 아름답다는 사실을 알게 해준다면, 아이에 관한 어떤 것도 지나치게 걱정할 필요가 없다. 부모와 아이 모두 성장형 마음가짐을 갖는다면 아이는 더 많이 성장할 것이다.

칭찬이 드문 가정에서 아이가 성장하는 것은 상상하기 힘들다. 칭찬은 부모와 자녀의 관계에 윤활제 역할을 하며, 작은 노력으로 큰 성과를 얻을 수 있는 양육 방법이기도 한다.

아이에게 칭찬이 필요하다는 사실은 두말할 나위가 없다. 우리가 생각해야 하는 것은 어떻게 적절히 칭찬하느냐 하는 문제다. 아이가 무엇을 하든지 "정말 잘했어!"라고 한다면 아이는 잘못된 행동을 바로잡으려 할 때

쉽사리 받아들이지 못할 것이다. 잘못을 말하기만 해도 신경질을 부리고, 고치려고 하는 것은 엄두도 못 내게 할 것이다. 한편 어떤 아이들은 잔뜩 위축돼서 분명히 잘할 수 있는 일조차 하지 못하고, 도전을 두려워하며 자신을 내세우지 못한다.

많은 부모가 칭찬 교육이 과연 효과가 있을지 의문을 갖는다. '칭찬받을수록 더 많은 칭찬을 요구하지 않을까? 그러다가 아이들이 부모나 다른 사람의 기대에 부응하기 위해 엉뚱한 뭔가를 하게 되는 건 아닐까?' 하는 걱정이다.

하지만 어떤 부모가 칭찬을 참고, 격려의 미소를 숨기며, 칭찬의 눈길을 감추고, 굳이 말하지 않아도 뻔히 티가 나는 표정을 감출 수 있을까? 이것은 있을 수 없는 일이다. 그렇다면 지금 우리가 해결해야 할 문제는 진정한 칭찬 교육이 무엇이냐는 것이다. 진정한 칭찬 교육은 반드시 아이의 장점과 단점을 파악한 바탕에서 이뤄져야 한다. 그 바탕 위에서 칭찬을 통해 아이의 내재적 동기를 자극하고, 아이에게 지속적으로 영향을 끼치며, 아이들이 점차 자신을 적절히 평가하는 방법을 배우도록 하는 것이다.

이렇게 해야만 지나치게 칭찬에 의지하거나 도전을 두려워하게 되는 문제를 피할 수 있다. 많은 부모가 칭찬이 아이의 내재적 동기를 파괴할 수 있다고 우려하는데, 내재적 동기라는 측면에서 칭찬이 과연 아이에게 어떤 역할을 하는지 알아보자.

칭찬이 가진 놀라운 힘

사람들은 누구나 어떤 일을 완수할 때 그 일을 완수하는 원인과 이유를 찾는다. 이것을 '귀인attribution'이라고 한다.

예를 들어 한 아이가 사자성어 대회에 나가서 마지막 한 문제를 틀려 2등을 했다고 하자. 아이에게는 여러 가지 이유가 있을 수 있다. 아이가 만약 "나는 원래 사자성어를 잘 알아서 대회에 나갈 수 있었어. 그리고 대회 전에 열심히 준비했어. 안타깝게도 마지막 문제가 너무 어려웠어. 운이 나빴지. 하지만 2등도 잘한 거야"라고 이야기했다면 이 아이가 찾은 원인은 능력, 노력, 운 세 가지다.

심리학자인 캐롤 드웩Carol Dweck은 초등학생이 자신의 성적에 대해 어떻게 원인을 찾는지 관심을 갖고 10여 년에 걸쳐 연구했다. 어떤 아이들은 자신의 성과를 능력 때문이라고 생각했다. 이 아이들은 능력이 학습을 통해 또는 많은 연습을 통해 길러지는 것이라고 생각했고, 새로운 도전에 직면했을 때 능력에 의지할 만하다고 생각했다. 성공했을 때는 자신이 끊임없이 노력해서 능력을 키운 덕분이라고 생각했으며, 실패했을 때는 자신의 노력이 부족했기 때문이라고 생각했다. 그리고 이 또한 스스로 통제할 수 있는 요소라고 생각했다. 이러한 아이들은 실패나 성공에 상관없이 계속 노력하고 공부했다. 이렇듯 능력이 지속적으로 발달하는 것이라고 생각하는 아이는 학습 과정을 중시하고, 부단히 노력하며, 여러 자원을 찾아 자신의 능력을 발달시켰다. 당연히 그에 따라 성적도 올라갔다.

하지만 상반된 아이들도 있었다. 이 아이들은 능력은 이미 정해진 것이며 지속적인 노력으로 발달하는 것이 아니라고 생각했다. 이 아이들은 성공했을 때, 그 이유를 운과 같은 외부 요소의 역할 때문이라고 생각했다. '이번 성적이 잘 나온 이유는 운이 좋았기 때문이야. 운 좋게 내가 공부한 문제가 시험에 나왔어.' 그런데 뜻밖에도, 실패했을 때는 자신의 능력이 부족한 탓으로 돌렸다. '내가 공부를 못해서 시험을 망쳤어.' 이 아이들은 능력이 바뀌지 않는다고 생각하기 때문에 새로운 도전에 직면할 때 자신감을 잃고 지레 포기한다. 이 아이들에게는 최종 결과가 매우 중요하다. 최종 결과에 따라 자신의 능력을 평가하며, 실패의 경험은 아무런 도움도 되지 않는다. 왜냐하면 그것은 아이의 능력이 부족하다는 사실만을 알려주기 때문이다. 그래서 시간이 갈수록 자신감은 더욱 떨어진다.

그러므로 부모는 아이가 어떤 일의 결과에 주목하기보다는 한 가지 일을 완성하는 과정에 주목하도록 가르쳐야 한다. 아이를 칭찬할 때 "대회 준비를 하느라 오랫동안 노력했구나"라고 하거나 "이 과제를 완성하려고 참 많은 자료를 찾았구나" 또는 "이 로봇을 만드느라 여러 친구와 협동했구나"와 같이 일의 과정을 덧붙일 수 있다. 이렇게 하면 설령 마지막에 성공을 거두지 못하더라도 일을 하는 과정에서 아이는 자신의 능력을 단련하고 기쁨을 얻을 수 있다.

이러한 평가는 아이가 능력을 발달시키고 목표를 실현하는 과정에 주목하게 한다. 목표를 실현했다면 다음에도 마찬가지로 노력할 것이며, 목표를 실현하지 못했다면 전체 과정을 돌아보면서 원인을 찾고 개선할 것이다. 이것이 바로 아이의 내재적 동기를 자극하는 것이다.

　이제 합리적인 귀인과 평가가 아이의 내재적 동기를 자극하는 데 어떤 영향을 미치는지 이해했을 것이다. 그렇다면 적합한 평가의 특징은 무엇인지, 어떤 칭찬이 진정으로 아이의 내재적 동기를 자극할 수 있는지 생각해보자.

어떻게 칭찬해야 할까?

진심을 담아 구체적으로 칭찬한다

　진정한 칭찬 교육은 구체적이고 객관적으로 아이를 평가하고, 진심으로 칭찬함으로써 이뤄진다. 그렇게 해야 아이의 내재적 동기를 자극할 수 있다. 부모가 아이를 칭찬하는 것도 일종의 평가이며, 아이에게 부모의 평가는 중요한 타인 평가다. 타인이 자신을 어떻게, 어떤 면에서 평가하는지는 아이들이 자신을 객관적으로 평가하는 데 참고할 만한 근거가 된다.

　"너는 정말 최고야!"라고 무조건 칭찬하는 것은 구체적이지 않고 진지하지도 않다. 구체적인 칭찬은 부모가 자신이 보고 느낀 것을 칭찬의 어조로 설명하는 것이지 그저 두루뭉술하게 "잘했어. 최고야"라고 말하는 것이 아니다.

　아이가 그림을 그리더니 엄마에게 신나게 달려와 보여주었다. 엄마가 "정말 잘 그렸구나"라고 영혼 없이 말한다면 아이의 공감을 얻어내지 못한다. 아이는 엄마가 무성의하다고 느낄 것이다. 엄마가 자신의 그림을 제대로 보지 않고 어떤 부분인지 구체적으로 칭찬해주지도 않으니 스스로 자신을 어떻게 평가해야 할지 배울 수가 없다.

만약 엄마가 "아, 이 그림은 어제 우리가 함께 읽은 책의 한 장면이구나. 엄마도 이 장면이 마음에 들었는데. 멀리 있는 산비탈과 호수도 잊지 않고 그렸네. 정말 자세하게 그렸구나! 얼마나 정성껏 그렸는지 한눈에 알겠다. 기억력도 좋은걸"이라고 구체적으로 칭찬한다면 아이도 공감할 것이다. 자신의 노력을 인정받았다는 생각에 마음속 깊이 자부심도 생길 것이다. 그러면 다음에 그림을 그릴 때는 엄마의 평가를 생각하며 더 자세히 그리거나 자세한 줄거리를 기억하기 위해 노력할 것이다. 이런 구체적인 평가를 통해 아이는 자신의 장점을 발견할 수 있다.

그럼 아이가 잘하지 못했다면 어떻게 칭찬해야 할까? 거짓으로 칭찬해야 하나 고민하는 부모도 있다. 그럴 때는 "엄마는 이 그림이 마음에 드는구나. 이 색깔 대비가 좋아"라고 말하는 것도 한 방법이다. 어쨌든 자신이 보고 생각한 것을 말한 것이기 때문에 단순히 "너는 최고야"나 "잘했어"라고 말하는 것보다 아이를 더 격려해준다.

"오늘 방 정리 잘했네. 들어오자마자 편안함이 느껴졌어"라거나 "숙제를 제자리에 놓아줘서 고마워. 엄마가 쉽게 찾을 수 있었어"처럼, 어떤 칭찬이라도 진심으로 하려면 자세히 관찰하여 장점을 찾아야 한다.

아이를 칭찬할 때는 반드시 장점을 발견해야 하며 자신의 언어로 진심을 담아 장점을 묘사해야 한다. 그래서 아이로 하여금 자신의 장점이 엄마에게 주는 느낌을 알게 해줘야 한다. 아이가 부모의 진심을 느끼게 되면 더 친밀해질 수 있고, 칭찬이 아이를 더욱 격려할 것이다.

구체적이고 진심으로 칭찬하는 것은 아이의 내재적 동기를 자극하는 기초가 된다. 칭찬하는 과정에서 '성장형 마음가짐'을 적절히 사용해 아이를 격려하면 아이는 앞으로도 계속 자신감을 갖고 발전할 수 있다.

"너는 똑똑해"가 아니라 "너는 노력했어"

한 사람의 능력이 이미 정해진 것이라고 생각하는 어른이 아이의 학업 능력을 평가하면, 아이가 자신을 평가하는 데에도 영향을 미칠 수 있다. 아이들은 항상 중요한 사람에게 자신에 대한 평가를 듣고 차츰 이 평가에 부합하도록 행동한다. 그런 점에서 부모가 어떤 칭찬 방식을 사용하느냐는 매우 중요하다.

예를 들어 아이가 시험을 잘 봤다면 "시험 정말 잘 봤구나. 시험 준비도 열심히 하더니, 시험 볼 때도 집중했구나? 대충 봤다면 틀리기 쉬운 문제인데 모두 맞췄네!"라고 칭찬할 수 있다. 여기에는 '충분한 준비, 집중'이라는 요소가 있고 이는 아이들이 할 수 있는 일이다. 다음번 시험에서 아이는 계속 이렇게 노력할 것이다.

이러한 평가 방식을 심리학자는 '성장형 마음가짐growth mindset'이라고 한다. 아이가 잘한 결과의 귀인을 자신의 노력과 집중으로 생각하게 해주는 방식이다. 이러한 평가가 계속되면 아이 역시 자신을 성장형 마음가짐으로 평가하게 된다. 시험을 잘 보지 못했을 때 부모가 "이 부분을 잘 이해하지 못했기 때문이야"라거나 "이 부분을 완벽히 공부하지 못했기 때문이야"라고 지적해도 잘 받아들인다. 그 부분을 보완한다면 문제가 되지 않기 때문이다. 아이는 자신이 잘 알지 못했던 부분을 보완하기 위해 노력할 것이다.

반대로 "이번 시험도 괜찮아. 잘했다. 엄마는 네가 똑똑하다는 걸 알아!"라고 칭찬하는 것은 지양해야 한다. 똑똑하게 타고난 것과 운은 자기 스스로 통제할 수 없는 것이기 때문이다.

이러한 평가 방식을 심리학자들은 '고착형 마음가짐fixed mindset'이라고 한다. 이는 아이가 잘한 결과의 귀인으로 타고난 것, 운 등 통제할 수 없는 것을 요소로 꼽게 한다. 이러한 평가가 이어지면 아이에게는 고착형 마음가짐이 형성된다. 만약 시험을 잘 보지 못해 낙담하고 풀이 죽었다면 '내가 바보같이 이 부분을 공부하지 않았기 때문이야'라거나 '운이 나빴어. 하필 잘 모르는 문제가 시험에 나올 게 뭐람'이라고 생각한다. 즉, 능동성이 없는 것이다.

드웩을 중심으로 한 심리학자들은 일련의 실험을 통해 항상 고착형 마음가짐으로 칭찬을 받은 아이는 사건의 결과를 중시하고 도전을 반기지 않았으며, 성장형 마음가짐으로 칭찬을 받은 아이는 사건의 과정을 중시하고 도전을 즐기며 노력한다는 사실을 발견했다.

두 그룹의 아이들에게 원그래프 테스트를 했다. 그룹별로 각각 "너는 똑똑해"와 "너는 노력했어"라는 칭찬을 듣는다. 그다음 보다 쉬운 그래프와 보다 어려운 그래프 중 하나를 선택하도록 했다. "너는 똑똑해"라는 칭찬을 받은 아이는 대부분 쉬운 쪽을 선택했다. '나는 똑똑하다'라는 이미지를 유지하기 위해서다. 하지만 "너는 노력했어"라는 칭찬을 받은 아이는 어려운 쪽을 선택했다. 계속 도전해보고 싶기 때문이다.

학령기 이전의 아이에게도 성장형 마음가짐을 키워줄 수 있다. 한 아이가 물고기 한 마리를 그리자 할머니가 "우리 아이 진짜 물고기같이 그렸네. 천재인가 봐"라고 했다. 다음 날 이모가 집에 오자 할머니는 "우리 아이가 그림을 얼마나 잘 그리는 줄 아니? 얘야, 사과 좀 그려서 이모에게 보여줘 봐"라고 하셨다. 아이는 십중팔구 그림을 그리고 싶지 않을 것이다. 물고기는 잘 그리지만 사과는 그려본 적이 없어서 잘 그리지 못할 것 같기 때문이다. 사과를 잘 그리지 못한다면 더는 천재 화가가 아니다. 여기서 아이가 중요하게 생각한 것은 최종적인 결과이며 자신의 고착화된 능력이다.

이번엔 다른 시나리오를 보자. 아이가 물고기를 그리자 할머니가 "진짜같이 잘 그렸구나. 비늘 좀 봐. 오, 물고기 수염까지 그렸네. 그림을 그리면서 물고기가 어떻게 생겼는지 자세히 생각해봤구나. 정말 세심하게 잘 관찰했네"라고 칭찬했다. 다음 날 할머니가 나비를 그려보라고 하면 아이는 기쁘게 그릴 것이다. 왜냐하면 자신은 자세히 관찰할 수 있고 나비가 어떤 특징이 있는지 생각할 수 있기 때문이다. 아이는 '나비는 날개가 있고 여러 가지 색깔이 있어'라고 생각하면서 그것을 그리는 것은 어려운 일이 아니라고 생각한다. 설령 잘 그리지 못했다고 해도 계속 연습하면 좋아진다고 여긴다. 이렇게 성장형 마음가짐을 가진 아이는 자신감이 점점 강해진다.

아이를 칭찬할 때는 그 방식이 매우 중요하다. 부모는 반드시 성장형 마음가짐으로, 결과가 아닌 과정을 중시해야 한다. 아이가 시험을 못 보거나 시합에서 졌다고 해도 그 안에서 아이의 장점을 찾아 풀이 죽지 않게 격려해주고, 스스로 자신이 잘한 점을 발견하게 하고, 부족한 부분을 개선할 수 있게 해야 한다. 이를 통해 아이는 차츰 발전할 수 있으며, 강한 자신감으로 인생에서 겪을 여러 어려움과 좌절을 이겨낼 수 있다.

칭찬의 궁극적인 목표는
자신감을 심어주는 것

아이의 자신감은 어디에서 올까? 바로 생활과 관계되는 경험에서 나온다. 어떤 일을 해내고 어떤 경험을 하고 나면 할 수 있다는 유능감sense of competence이 생긴다. 어떤 아이들은 스스로 '내가 무엇을 할 수 있을까?'를 생각해본 적이 없어서 능력이 뒤처질 수 있다. 스스로 무엇을 할 수 있을지 분명히 안다면 자신의 능력 범위 내에서 완수할 수 있을 뿐만 아니라 때로는 능력 범위를 넘어서까지 시도하고 노력하면서 도전을 받아들인다.

자신감의 형성과 자아 개념의 발달은 서로 뗄 수 없는 관계에 있다. 자아 개념은 나이에 따라 점차 발달한다. 만 2~3세의 아이는 "나는 누구누구라고 합니다", "나에게는 빨간색 트럭이 있어요", "나는 치카치카를 할 수 있어요"라고 자아를 묘사한다. 자신이 관찰할 수 있는 외모, 이름, 가진 장난감, 할 수 있는 일을 인식하여 자아로 표현하는 것이다. 이는 차츰 자신의 기호와 태도로 확대된다. 3~4세가 되면 "나는 그림 그리기를 좋아해요. 그림을 아주 잘 그려요"나 "나는 이야기를 재미있게 할 수 있어요"라고 묘사할 수 있다. 5세가 되면 아이는 "나는 친절해요", "나는 다른 사람을 잘 도와줘요"와 같이 자신의 개성을 설명할 수도 있다. 자아 개념이란 특정 분야에서의 자신에 대한 평가를 말한다. 한편 자신감은 자아 개념보다 더 넓은 의미로, 특정 영역의 평가를 포함하여 자신에 대해 전체적인 평가를 할 수 있고 가치감을 느끼는 것을 가리킨다.

유아기의 강한 자신감은 아이의 자발성에 중요한 역할을 한다. 새로운 것에 도전하게 함으로써 여러 기능을 익힐 수 있게 한다. 유아가 어떤 일을 할 때 서투르다고 해서 부모가 하지 못하게 하거나 못한다고 나무라면, 아이의 가치감은 상처를 입게 된다. 아이에게는 따뜻한 격려와 적절한 과제가 필요하다. 부모는 아이를 과도하게 보호하지 말고, 아이가 어릴 때 스스로 할 수 있는 일은 스스로 하도록 하며, 안전하다는 전제하에 아이가 도전을 통해 유능감을 가질 수 있도록 도와줘야 한다. 다시 말해 자신이 할 수 있는 일과 할 수 없는 일을 인식하게 하고, 칭찬을 통해 아이가 자신감을 기를 수 있도록 해야 한다. 이러한 과정을 통해 한쪽으로 치우치지 않는 전면적이고 전체적인 자신감이 형성된다.

유아기에 아이들은 어려움을 예측하기 어렵고 과제를 전체적으로 인지할 수 없어서 종종 지나친 자신감을 보이기도 한다. 큰아이가 다섯 살 때 축구팀에서 축구를 하는데 한 경기에서 세 골이나 넣었다. 아이는 같은 팀에 자기보다 어린 친구가 있다는 것은 무시한 채 "엄마, 엄마! 저는 축구왕이에요!"라고 소리쳤다. 이때는 부모가 적절히 평가해주는 것이 좋다.

아이가 자신감을 가질 수 있도록 격려해주면서, 한편으로는 아이가 일부분의 성과에 대해서만 지나치게 확대하지 않도록 해야 한다. 어떤 특정한 활동을 잘 해내고 칭찬을 많이 받아 그 분야에 대해서만 자신감을 갖는 아이들도 있다. 이런 특정한 자신감은 때로 독이 될 수도 있다.

일고여덟 살 된 아이가 《백가성(百家姓, 중국의 대표적인 성을 운문 형식으로 엮은 책-옮긴이)》을 외우자 보는 사람마다 칭찬을 해줬다. 그래서 아이는 이 분야에 매우 자신감을 가지게 됐다. 하지만 아이는 오로지 《백가성》을 외우는 데만 관심을 가질 뿐 다른 것에는 전혀 관심을 보이지 않았고, 부모 역시 그랬다. 그런데 어느 날부터 아이는 《백가성》을 잘 외우지 못하게 됐다. 그것만이 자신의 장기이며 자신감의 근거였기 때문에 아이의 자신감은 적지 않은 타격을 받았다. 아이의 자신감은 다른 활동이나 분야로 넓혀지지 못했다. 다시 말해 전반적으로 자신감을 형성할 수 있도록 부모가 도와주지 않은 것이다. 전반적으로 자신감을 가진 아이는 어딘가에서 이상적인 성과를 얻지 못했다고 해도 개의치 않는다. 다른 분야에서 잘하면 된다고 생각하기 때문이다.

큰아이는 학교에서 줄곧 선생님께 사랑을 받아왔다. 수학을 특히 잘해서 친구들이 '계산기', '수학박사'라는 별명까지 지어주었다. 아이 스스로도 자신이 수학을 좋아하고 잘한다고 생각했다. 2학년이 끝날 무렵 선생님께서는 직접 상을 정해서 시상식을 열었다. '따뜻한 마음 상', '사랑 나눔상', '하하호호 상' 등 모두가 독특한 이름의 상을 받았으며 기쁘게 수상했다. 큰아이는 '최고 이야기꾼 상'을 받았다. 그런데 아이는 별로 기뻐하는 기색 없이 "이건 제가 생각했던 상이 아니에요"라고 하는 게 아닌가. 상을 받고도 좋아하지 않다니 우스웠다. "그럼 네가 생각했던 상은 무엇이니?" 하고 묻자 "저는 학습이나 수학 관련 상을 받을 줄 알았어요"라고 대답했다. 아이는 선생님께도 가서 말씀드렸다. 선생님은 아이를 꼭 안아주며 "선생님이 이 상을 준 이유는 네가 선생님한테 이야기를 들려줄 때마다 정말 재미있게 잘한다고 생각했기 때문이야. 네가 들려주는 이야기는 모두 재미있었단다"라고 말씀하셨다.

집으로 돌아오는 길에 나는 이렇게 말했다. "네가 수학을 잘하는 건 이미 모두 알고 있어. 이 상을 주신 선생님은 참 훌륭하신 분이구나. 선생님은 네가 수학 말고도 이야기를 잘한다는 것까지 알고 계시잖아. 선생님은 너의 또 다른 특기를 발견하신 거야. 선생님이 말씀해주시지 않았다면 너도 너에게 이런 특기가 있는지 몰랐겠지? 너는 아주 많은 특기를 가지고 있어. 선생님께서 또 어떤 특기를 발견하실지 기다려보자." 아이도 내 말에 동의하며 기쁘게 상을 받아들였다.

이 일로 나는 선생님께 감동을 받았다. 만약 아이의 한 가지 특기만을 강조했다면 아이가 그 한 가지에만 지나치게 집착하고 자신감 역시 거기에만 국한됐을 것이다. 아이의 자신감이 그 한 가지에 의존한다면 작은 좌절감을 맛볼 때도 쉽게 흔들릴 것이고, 자신감이 다른 분야로 확대되지도 못했을 것이다. 선생님은 특정 분야에만 자신감을 갖지 않고 자신의 많은 장점을 보고 전면적으로 자신감을 가질 수 있도록 해주었다.

부모는 구체적이고 진심으로 칭찬하는 방법을 배워야 한다. 성장 과정에서 아이가 실패하는 것도 직시하고, 아이의 학업과 실생활에서의 성공과 실패를 성장형 마음가짐으로 대하며 적절한 평가를 해야 한다. 이것은 궁극적으로 아이가 전면적인 자신감으로 인생을 대할 수 있게 해준다. 부모는 특정 분야에 대해서만 칭찬하지 말고 더 많은 자아 정체성을 찾도록 도와줘야 한다.

부모가 꼭 알아야 할 칭찬의 기술

아이를 칭찬하는 것도 쉬운 일이 아니다. '기술직'이라 부를 만하다. 부모의 이런 고민을 덜어줄 몇 가지 아이디어를 소개하겠다.

성장형 마음가짐을 가진 아이는 칭찬의 형식에 구애받지 않는다

많은 부모가 드웩의 연구를 보고 아이가 똑똑하다고 칭찬할 게 아니라 노력한 것을 칭찬해야 한다는 것을 알게 됐을 것이다. 그런데 이 말 때문에 곤란해하는 부모도 있다. 아이가 정말 똑똑해서 아무 노력 없이 좋은 결과를 얻었는데 이를 노력했다고 칭찬하면 거짓말이 되지 않느냐는 것이다. 아이를 칭찬할 때 거짓말처럼 보이지 않으려면 형식에 얽매이지 말아야 한다.

미국 심리학자가 말하는 '노력effort'은 결과가 아닌 과정을 중시하는 사고를 표현한다. 즉 어떤 일을 할 때 무엇인가를 바쳐야 한다는 뜻이 강하다. 어떤 일을 완성할 때 집중하고 열정과 관심을 갖는 것, 다른 사람과 적극적으로 협력하는 것 등 '바치는' 모든 것이 '노력'이다. 그러므로 쉽게 해낼 수 있다거나 마지막에 성공을 거두었는가와 상관없이 그 과정에 바친 노력을 칭찬하면 된다. 이것이 아이를 자극하여 더 나아가도록 해주는 동력이 된다.

많은 사람이 똑똑하고 잘생기고 예쁜 것은 아이의 노력으로 얻은 것이 아니라 유전적인 것이므로 칭찬의 대상이 될 수 없다고 생각한다. 칭찬한다면 오히려 아이를 오만하게 만들어 노력하지 않게 한다고 알고 있다. 하지만 나는 이런 걱정이 필요 없다고 생각한다. 핵심은 아이가 똑똑한 것을 칭찬하느냐 아니냐에 있는 것이 아니라 아이의 마음가짐을 바꾸었느냐 그렇지 않으냐에 있다. 즉 '성장형 마음가짐'을 가지고 있느냐의 문제라는 얘기다.

큰아이가 1학년 때 집에 돌아와 이렇게 말했다. "엄마, 오늘 선생님께서 내가 정말 훌륭해서 1학년 수학을 배울 필요가 없다고 하셨어요. 다음부터는 다른 선생님이 형들이 배우는 수학을 가르쳐주실 거래요." 그 말을 듣고 나는 걱정이 앞섰다. 속으로 '선생님은 어째서 그런 말씀을 하셨을까? 자기가 똑똑하다고 자만심에 빠져 공부를 안 하려고 하면 어떡하지?'라고 생각했다. 그런데 지나고 보니 아이는 열심히 공부하지 않는 게 아니라 오히려 수학을 점점 더 좋아하게 됐다. 친구들이 수학을 잘한다고 칭찬해도 자만하지 않았다.

하루는 아이가 "엄마, 저 나중에 하버드대학교에 갈래요"라고 했다. 왜 그런지 물으니 "똑똑한 아이는 다 하버드에 간대요" 하는 것이다. 내가 웃으며 "세상에 똑똑한 아이가 얼마나 많은데…. 똑똑하다고 모두 하버드에 갈 수 있는 것은 아니란다"라고 하자,

아이는 잠시 생각에 잠기더니 이렇게 말했다. "하버드에 가려면 공부를 열심히 해야겠어요. 매년 영재 그룹에 들어갈 거예요." 그 말을 듣고 나도 "그럼 열심히 노력해보렴"이라고 말해주었다.

그 일로 나는 성장형 마음가짐을 가진 아이는 '맞아, 나는 똑똑해. 하지만 내가 노력하지 않는다면 나의 재능을 낭비할 뿐 아무것도 이룰 수 없어. 그러니까 내가 열심히 노력하는 것도 중요해'라고 생각한다는 것을 알게 됐다. 이런 아이는 주변 사람이 똑똑하다고 칭찬한다 해서 자만하여 방향을 잃지 않는다.

마음을 다해 관찰하고, 진심으로 느끼고, 적절하게 칭찬하자

무슨 일이든지 적당해야지 넘쳐서는 곤란하다. 칭찬도 마찬가지다. 적정선을 유지해야 한다. 항상 말로 칭찬할 필요는 없다. 부모와의 관계가 좋은 가정에서는 마음으로 이해하며 고개를 끄덕거리거나 칭찬의 눈길, 작은 손짓 한 번이 백 마디 말보다 나을 때도 있다. 때로는 객관적인 설명만으로도 충분하다. "이번에 정말 많이 노력하더라"라고 말함으로써 엄마가 자신의 노력과 성과에 관심을 갖고 있다는 사실을 알게 하는 것만으로도 충분하다. 아니면 간단한 질문으로 칭찬을 대신할 수도 있다. 예를 들어 "오늘 시합 어땠어?"라고 물어보는 것이다. 그러면 아이는 자신의 성과에 대해 스스로 어떻게 생각하고 무엇을 느꼈는지 돌아보고, '자신의 노력이 가져온 성공'에 대한 개념을 내재화한다.

나와 아이들 사이에는 종종 많은 말이 필요 없을 때가 있다. 뽀뽀 한 번, 하이파이브 한 번으로도 마음이 충분히 전달된다. 때로는 내가 엄지를 척 들어 보이는 것만으로도 아이들의 얼굴이 밝아진다.

진정한 칭찬 교육은 부모와 아이 모두 성장형 마음가짐을 지닌 상태에서만 가능하다. 부모가 세심하게 아이를 관찰하고, 진심으로 아이를 느끼며, 아이의 감정과 필요를 존중하고 이해하는 상태에서 하는 칭찬은 자연스러운 감정의 전달이며 어떤 형식도 필요 없다. 이러한 환경에서 성장한 아이라면 '칭찬 의존병'에 걸릴 리가 없다. 칭찬 몇 마디 때문에 자만하여 노력하지 않을 리도 없다. 이런 아이는 진심 어린 부모의 칭찬으로 내재적 동력을 자극받아 더 노력하게 된다.

제9장
◇◇◇◇◇◇◇◇◇◇◇◇

좌절할수록
용감해
질까?

부모는 아이가 어려움에 부딪힐 때 감정, 인지, 사고방식 등 모든 방면에서 지원하여 아이가 아무 준비 없이 전쟁에 나가지 않도록 해야 한다. 부모의 지지와 지도를 통해 아이는 좌절을 이겨내는 능력을 키운다. 부모의 사랑은 아이의 의지를 굳건하게 하는 든든한 버팀목이 되며, 이것이 바로 '좌절 교육'의 핵심이다.

"저희 엄마는 좌절 교육의 신봉자예요. 30년 넘게 해오고 계시죠. 엄마가 말하는 좌절 교육이란 인위적으로 아이에게 장애물을 만들고 엄하게 대하며 긍정과 칭찬은 드물게 하면서 늘 지적하고 질책하는 거예요. 전 30년 동안 심리적으로 시달렸어요. 이것이 제가 저 자신을 비관하고 매사에 자신감을 갖지 못하는 이유예요."

한 초보 엄마가 자신이 겪은 좌절 교육에 대해 이렇게 털어놓으며 과거의 악몽에서 벗어나고 싶다고 말했다. 자신의 아이에게는 절대로 겪게 하고 싶지 않은데, 강한 아이로 키우려면 어떻게 해야 할지 모르겠다며 도움을 청했다.

많은 부모가 요즘 아이들은 고생을 모르고 실패를 견디지 못하기 때문에 좌절 교육이 필요하다고 말한다. 물론 우리는 아이가 어려움에 부딪혔을 때 당당히 맞설 수 있기를 바란다. 하지만 어떤 방식으로 그런 품성을 기를 수 있는지는 고민해봐야 한다.

어떤 부모는 좌절 교육을 함으로써 아이가 어려움에 직면했을 때 스스로 부딪쳐 해결하는 능력을 키워주고자 한다. 심지어 고의로 고난에 빠뜨리거나 일부러 고생을 맛보게 하려고 캠프에 보내는 부모도 있다. 하지만 이런 방식으로는 기대하는 효과를 거둘 수 없다.

고난을 극복하기 위해서는 우선 개념적인 측면에서 한 가지 문제를 확인해야 한다. 좌절 속에서 아이가 무엇을 얻기를 원하는가? 즉 '좌절 교육을 통해 얻으려는 목표가 무엇이며 어떤 능력을 키우기를 원하는가'를 분명히 해야 한다.

우리의 교육 목표에서 출발한다면 좌절 교육의 목표는 '좌절을 이겨내는 능력을 키우는 것'이다. 웨스트포인트 사관학교의 연구에 따르면 한 사람이 어려운 교육 과정을 계속해나가는 것은 그 사람의 신체 조건, 리더십, 지능과는 그다지 상관이 없었으며 불굴의 의지가 가장 중요한 요소였다고 한다.

그런데 좌절을 이겨내는 능력을 기르기 위해서 아이를 반드시 홀로 맞서게 해야 할까? 많은 부모가 아이가 좌절에 직면할 때 부모로서의 중요한 역할을 제대로 하지 않는다. 이것이 바로 좌절 교육의 가장 큰 문제다.

좌절을 만드는 것이 아니라
이겨내도록 지원해야 한다

부모는 아이가 어려움에 부딪힐 때 정서, 인지, 사고방식 등 모든 방면에서 지원하여 아이가 아무 준비 없이 전쟁에 나가지 않도록 해야 한다. 부모의 지지와 지도를 통해 아이는 좌절을 이겨내는 능력을 키운다. 이것이 바로 좌절 교육의 핵심이다.

하지만 현실에서 많은 부모는 아이가 직면한 좌절을 보지 않고 "이런 사소한 일에 웬 엄살이야?"라고 말한다. 네 살짜리 아이에게는 가지고 놀던 공이 소파 아래로 굴러 들어가 스스로 꺼내올 수 없는 것도 좌절할 만한 일이고, 아끼던 지우개를 잃어버린 것도 그렇다. 무슨 거창한 일만이 좌절을 가져오는 것이 아니다. 부모 눈에는 아주 사소한 일이라도 아이에게는 좌절할 일이 될 수 있다.

좌절 교육을 위한 기회는 사실 힘들게 찾을 필요도 없다. 아이의 생활 속에는 곳곳에 그런 기회가 있기 때문에 순간적으로 붙들기만 하면 된다. 똑같은 일도 어떤 집에서는 좌절을 이겨낼 능력을 키우는 기회가 되지만, 어떤 집에서는 아이의 날개를 꺾는 비극이 되기도 한다.

진정한 좌절 교육은 고의로 좌절을 만드는 것이 아니라 아이와 함께 좌절을 대하고 아이가 이겨낼 수 있도록 이끄는 것이라는 점을 잊어서는 안 된다. 물론 이것은 장기적인 과정이다. 아이의 연령, 능력, 개성을 고려해 전면적으로 지지하다가 차츰 손을 놓고 마지막으로 좌절 교육의 목표를 실현해야 한다. 아이에 대한 지지를 앞서 소개한 '비계'라고 상상해보자. 맨 처음 아이가 유년기일 때는 부모가 온 힘을 다해 지지한다. 차츰 아이가 성장하고 능력이 생기면 조금씩 도움을 줄여가다가 마침내 손을 놓는다. 마지막에 이르면 아이에게는 비계가 더는 필요 없게 된다.

부모의 지지를 통해 아이는 사회에 더 잘 적응할 수 있다

아이의 발달은 점진적인 과정이다. 아이의 인지와 정서가 발달하는 데에는 부모의 지지가 반드시 필요하고 매우 중요하다.

많은 사람이 요즘 아이들은 집에서 지나친 사랑을 받아서 좌절을 이겨내는 능력이 부족하다고 말한다. 과도한 보호 탓에 아이들이 좌절에 맞서 보지도 못하고 두려워하여 피하거나 심지어 무너지고 만다고 생각한다. 그렇다고 해서 아이들이 비바람을 맞게 내버려 둔다면 자동으로 좌절을 이겨내는 능력이 솟아날까?

나의 대답은 '아니요'다. 아이가 인지적·정서적으로 준비가 안 된 상태에서 좌절을 겪게 한다면, 오히려 자신감에 심각한 상처를 받게 되고 성취감도 느껴볼 수 없을 것이다.

좌절하면 할수록 용감해진다는 말은 인지 발달이 성숙한 어른에게나 해당하는 말이다. 아이가 어려움에 부딪혔을 때 부모가 수수방관하고 도움의 손길을 내밀지 않는다면 아이는 감정적으로 고립된 상태에 놓이게 된다. 문제 해결의 투지를 자극하지 못하는 것은 물론 부모와의 관계에까지 영향이 미친다. 다 큰 성인도 고난을 겪을 때는 누군가의 이해와 도움이 필요한데, 아이는 오죽할까?

이런 냉정한 좌절 교육은 교육의 초심에 어긋난다. 아이에게 긍정적인 태도를 키워줄 수 없으며 오히려 자신감 상실만을 낳는다. 좌절을 극복하는 능력을 키우는 것이 아니라 부모에 대한 신뢰를 무너뜨리는 것이다.

부모의 사랑과 지지가 영유아에게만 필요한 것이 아니다. 청소년에게도 똑같이 부모의 사랑과 지지가 필요하다. 최근 많은 연구는 친밀한 인간관계를 가진 사람이 더 행복하다는 사실을 증명했다. 친밀한 인간관계에는 부모와의 관계도 포함된다. 독립심이 커지는 청소년기에 부모로부터 지지를 받아 부모를 친근한 버팀목으로 삼을 수 있는 아이는 더 건강하게 성장한다. 부모와의 관계가 양호한 청소년이 친구와의 관계도 더 좋고, 자신의 정서를 조절하는 능력이 뛰어나 심리적으로도 더 건강하다는 연구 결과가 있다. 영유아든 청소년이든 모든 아이는 어려움에 부딪혔을 때 부모의 지지를 필요로 한다.

좌절에 맞설 수 있느냐는 대뇌의 발육 수준으로 결정된다

좌절 교육의 핵심이 부모의 전방위적 지지인 또 다른 이유는 굉장히 현실적이다. 그것은 아이의 발달 수준이 결정한다. 한 사람이 좌절에 직면할 때 이를 극복하기 위해서 어떤 능력이 필요할까? 우선 자신이 직면한 고난을 정확히 인식해야 하고, 자신의 능력을 객관적으로 평가할 수 있어야 한다. 목표를 분석하고 감정을 효율적으로 조절하면서 여러 전략을 생각한 다음, 목표와 고난의 난이도에 따라 전략을 조절하면서 궁극적으로 문제를 해결하는 목표에 도달해야 한다. 이러한 능력은 대뇌의 고급 기능인 집행 기능executive function에 속한다.

그런데 아동의 대뇌에서는 각 부분의 발육이 동시에 일어나지 않는다. 정서를 담당하는 편도체는 조기에 발육한다. 하지만 추리, 결정, 자아 통제 등을 담당하는 전전두엽의 발육은 비교적 늦게 이뤄진다. 전전두엽의 발달은 스무 살이 넘어야 완성된다는 것이 이미 밝혀졌다. 아이가 어려움에 직면할 때 이해득실을 따지고 정서를 조절하는 능력이 성인과 같을 수 없다는 뜻이다. 그러므로 부모는 아이의 결정 능력에 대해 현실적으로 기대하고, 아이의 정서 조절 능력에 대해서도 합리적인 기대를 품어야 한다. 아이의 발달 상태를 제대로 인식하지 못한 부모는 어려움에 부딪힌 아이를 냉담하게 방관하고, 좌절을 극복하는 능력이 부족하다며 질책하는 실수를 저지를 수 있다.

부모는 어떻게
도와줄 수 있을까?

아이의 감정에 대한 도움 : 공감, 정서적 소통

아이가 좌절에 부딪혔을 때 부모는 우선 감정적으로 지지해야 한다. 고난에 직면하거나 실수를 했을 때 누구라도 힘들어하고 상심한다. 부모는 질책만 하거나 완전히 부정적으로만 대하지 말고 감정적으로 아이를 이해해야 한다. 다음의 네 가지 상황은 아마 대부분의 부모가 겪어봤을 것이다. 좌절 교육에 대해 많은 부모가 오해하는 부분이다.

★상황 1_ 아이가 실패했을 때 질책하는 것은 아무런 도움이 되지 못한다. 오히려 부정적인 정서가 더욱 깊어져 자신감을 상실하게 한다. 시험 점수가 형편없어서 낙담하고 있는 아이에게 이렇게 말했다고 해보자. "이 10점은 네가 부주의해서 깎인 점수야. 정신을 어디다 팔고 다니는 거야?" 아이 역시 부주의하면 안 된다는 것을 분명히 알고 있다. 하지만 부모의 이러한 질책은 아이가 어떻게 하면 다음에는 '부주의하지 않을지'에 전혀 도움이 되지 않는다.

★상황 2_ 결과에 대해 일부러 가볍게 이야기한다. "괜찮아. 이기고 지는 것은 중요하지 않아." "시험 못 봐도 괜찮아." 문제는 괜찮다는 말 한

마디로 괜찮아지는 게 아니라는 것이다. 아이는 부모가 말로는 괜찮다고 해도 마음속으로 달가워하지 않는다는 것을 알고 있고, 부모의 말과 행동이 일치하지 않는다고 생각한다. 이렇게 되면 정서적 소통을 할 수 없으며 아이가 자신의 진짜 감정을 마주하도록 도울 수 없다.

★상황 3_ 아이가 무엇인가를 잘했을 때는 함께 축하해주고 원하는 것을 사주는 등 자신도 모르게 사랑을 표현하는 행동을 많이 하면서, 반대로 아이가 무엇인가를 잘하지 못했을 때는 상심하고 화를 낸다. 이런 대조적인 태도를 보이면 아이는 자신이 잘했을 때만 부모의 사랑을 받을 수 있다고 오해한다. 그리고 잘하지 못했을 때는 부모의 부정적인 정서만을 받기 때문에 자신감을 잃고 실패를 두려워하게 된다. 부모의 사랑에 조건이 있다고 생각하는 것이다.

★상황 4_ 아이가 실망할 때 어떻게 해서든지 아이를 기쁘게 해주려고 노력한다고 해보자. 아이가 축구에서 졌는데 실패의 맛을 느껴보기도 전에 아빠가 "기분 풀어. 우리 나가서 아이스크림 사 먹자!"라고 하며 주의를 돌린다고 해보자. 아빠는 아이의 정서를 바꾸는 데는 성공했지만, 이는 사실 아이가 좌절을 겪었을 때 자신의 진짜 감정과 그 감정을 처리할 기회를 빼앗은 것이나 다름없다. 어떤 아이는 대학교에 갈 때까지 고난에 직면하는 방법을 터득하지 못하거나 자신의 정서를 조절하는 방법을 배우지 못하기도 한다.

부모로부터 감정적인 지지를 받으면 아이는 이렇게 생각한다. '목표를 달성하고 달성하지 못하고에 상관없이 엄마 아빠는 나를 사랑해. 물론 달성하기를 원하시지만 세상에 완벽한 사람은 없어. 달성하지 못했어도 도움이 필요하다면 언제든지 도와주실 거야.' 이것은 말로 해서 전달되는 것이 아니라 무수한 경험을 통해서 자연스럽게 전해진다. 아이가 부모를 신뢰하면 부모가 매번 도와주지 않아도 아이들은 안정감을 느끼며, 언제라도 숨을 수 있는 안전기지를 갖게 된다.

또한 아이가 부정적인 정서에 있을 때 부모는 진정으로 공감함으로써 아이가 그 정서 탓에 부끄러움을 느끼지 않도록 해야 한다.

"이게 무슨 대수로운 일이라고. 그렇게까지 힘들어할 일이야?", "남자가 울다니, 부끄럽지도 않니?"라며 아이의 감정을 부정하면 아이는 부정적인 정서에서 벗어나는 것이 아니라 오히려 '이런 감정이 들어서는 안 되는 거야'라며 수치심을 느끼게 된다. 어떤 정서에 대해 어른의 주관적인 체험으로 '이런 감정을 느껴서는 안 돼'라고 말할 순 없다. 아이의 감정을 공유하고 이해해주는 것은 그런 상황에서 다른 사람 역시 똑같은 감정을 느낀다는 것을 알게 하기 위한 것이고, 매우 정상적인 일이다. 하지만 매번 아이에게 '엄마도 너를 이해해. 네가 어떠어떠하게 느꼈구나'라고 이야기할 필요는 없다. 때로는 따뜻한 포옹만으로도 마음을 충분히 전할 수 있다.

그 밖에도 부모는 자신이 비슷한 좌절을 겪었을 때 어떤 기분이었는지, 어떻게 극복했는지 이야기해줄 수 있다. 감정적으로 아이를 지지해주는 것은 아이의 감정을 수용하고 자신의 감정을 정직하게 인식할 수 있도록 도우며 적절한 방식으로 표출하도록 해준다.

정서적으로 아이를 지지하는 데에는 오랜 과정이 필요하다. 아이는 점점 커가면서 좌절감을 표현하고 대처하는 방법을 배운다. 작은 어려움에 직면했을 때부터 어떻게 훈련하고 처리하는지 가르쳐주면 큰 어려움이나 좌절에 부딪혔을 때 과감하게 직시할 수 있다. 정서적인 지지는 '문제를 해결하려면 정서적 소통을 하라'라는 말로 정리할 수 있다.

실패와 실수도 인생의 일부라는 사실을 알게 한다

때로는 부모가 감정적으로 지지를 표시하는 것만으로는 부족할 때가 있다. 특히 어린아이가 그렇다. 아이들은 정서를 제어하는 능력이 아직 덜 발달한 데다가 자신이나 사물을 평가하고 이해득실을 따지고 결정하는 능력이 성숙하지 못해 어른의 도움과 지도가 꼭 필요하다.

부모는 인지적인 면에서 아이를 지지함으로써 실패와 실수도 삶에서 피할 수 없는 일부이고, 실망과 상심 역시 우리가 항상 겪는 감정이며, 중요한 것은 어떻게 대하느냐라는 사실을 알게 해야 한다. 실패를 대할 때 부모의 태도가 매우 중요하다. 한 연구에 따르면 아이가 실수와 실패를 두려워하는 것은 5세에서 9세 사이 부모로부터 받은 영향에 달려 있다고 한다. 부모가 실패를 두려워하면 아이도 실패를 두려워하며, 아이가 아직 할 수 없는 일을 시키면 아이는 실패를 두려워하게 된다는 것이다.

부모는 우선 자기 생각과 언행부터 살펴야 한다. 대부분 부모는 무의식 중에 아이의 잘못을 지적한다. 아이의 잘못을 보는 즉시 고치려 든다. 이 속에는 '잘못은 나쁜 것이며 부모는 잘못은 용납하지 않는다'라는 정보가 숨어 있다. 이를 접한 아이는 잘못은 부끄러운 일이며 실수는 두려운 것이라고 인식하게 된다. 실수나 실패를 이렇게 인식하면 좌절과 고난에 직면하기 어려워진다.

"아이가 만 5세인데 친구랑 글씨를 쓰다가 틀렸기에 고쳐주었더니 그 자리에서 종이를 찢어버리더군요. 다시 쓰면 되니 낙담할 필요 없다고 얘기해주었죠. 그랬더니 종이를 또 찢는 거예요. 이런 일이 자주 발생하다 보니 걱정이 되네요. 짜증 내지 않게 하려면 어떻게 해야 할까요?"

사실 만 5세의 아이에게는 정상적인 표현이다. 아이는 지금 좌절하고 있음을 드러내는 것이다. 이때가 바로 교육할 시기이고 아이가 성장하는 시기다.

우리 아이도 5세 때 같은 일을 겪었다. 미국에서는 만 5세가 되면 예비 초등반을 시작한다. 의무 교육의 첫해에 해당한다. 글씨 연습을 하다가 틀리면 나는 틀렸다고 직접 말하지 않고 완곡하게 "여기 다시 한 번 볼까?"라고 말했는데도 아이는 이것마저 받아들이지 못하고 어디론가 뛰어가 버려 아무 말도 못 하게 했다. 나중에는 방법을 바꿔, "제목이 아주 도전적이네. 엄마가 해볼게. 여기 앉아서 보다가 엄마가 틀리면 도와주지 않을래?"라고 하자 달아나지 않았다. 아이는 엄마가 제목을 읽고 연습 문제를 푸는 것을 보고 '아 원래는 이런 것이었구나. 뭐 아무것도 아니네' 하며 깨닫게 됐다. 1년이 지나자 아이는 먼저 "엄마, 맞게 썼는지 우리 같이 검사해봐요"라고 말하기까지 했다.

부모가 인지적인 면에서 아이를 올바른 방향으로 인도하고, 잘못을 어떻게 바라보는지를 아이에게 알게 하는 것은 아이가 좌절을 대하는 정서나 그 후의 행동을 결정한다. 만약 누군가 실수는 용납할 수 없는 것이라고 생각한다면 부정적인 정서에서 빠져나오기 어려우며 긍정적 행동을 기대할 수 없다. 실수가 별거 아니고 실수를 통해서도 무엇인가를 얻을 수 있고 발전할 수 있다고 생각하는 사람은 부정적인 정서를 떨쳐내고 긍정적으로 행동할 수 있다.

'문제 해결' 사고방식으로 옮겨가게 한다

부모는 아이가 감정을 해소하고 실수와 실패를 두려워하지 않도록 하면서 '문제를 해결해야 한다'는 사고방식을 길러줘야 한다.

아이가 어려움이나 도전에 직면했을 때, 어쨌거나 최종적으로는 문제를 해결해야 한다. 그러므로 부모는 문제를 해결하는 능력도 길러줘야 한다. 만약 아이가 부정적 정서를 해소하고 부모가 격려해준 덕분에 계속해서 도전한다고 해도, 목표와 자신의 능력을 정확히 평가하지 못한다면 문제를 해결할 수 없을 것이다. 결국 실패를 거듭하여 자신감이 큰 타격을 받을 것이다.

부모는 아이에게 문제를 보는 다양한 시각을 길러줌으로써 사고의 방향을 다양화해 한 가지에 집착하지 않도록 해야 한다.

수학경시대회에 나간 아이가 지역 대회는 통과했지만 전국 대회에선 탈락했다고 해보자. 미성숙한 아이는 이것을 견디지 못하고 자신이 부족해 실패했다고 생각한다. 이에 비해 성숙한 아이는 '전국 대회에선 탈락했지만 여기까지 온 것만 해도 대단한 거야'라고 생각한다. 그러고는 자신의 강점과 약점을 분석해 약점을 보완한다.

그런데 아이가 언제까지고 자신의 감정에만 빠져 있다면 문제를 해결하는 방향으로 옮길 수 있도록 부모의 도움이 필요하다. 오랫동안 이런 과정을 반복하다 보면 어느새 아이는 스스로 생각할 수 있게 된다.

결국 최종적인 목적지는 문제 해결이며, 이러한 사고방식은 매우 중요하다. 아이들은 생활 속에서 뜻대로 되지 않는 일을 이미 충분히 겪고 있기 때문에 일부러 더 많은 좌절을 경험하게 할 필요는 없다. 친한 친구와 같이 놀 수 없는 일이나 아끼던 지우개를 잃어버린 일, 맞힐 수 있는 문제를 틀린 일 등은 어른의 눈에는 아주 사소해 보이지만 아이들에게는 엄청난 좌절감을 줄 수 있다. 이것을 기회로 삼자. '이 일을 통해서 무엇을 배울 수 있을까?', '이 문제를 어떻게 해결할 수 있을까?'를 스스로 생각해보게 하면서 문제를 해결하도록 이끌자.

좌절을 대하는 능력을 길러주기 위해서는 부모의 전방위적 지지가 필요하다. 그리고 실생활 속에서 종합적으로 응용해야 한다. 아이의 발달은 여러 가지 요소가 상호 교차하는 장기적인 과정이다. 부모는 예리하게 관찰하고 통합할 수 있어야 한다. 그래야만 아이는 좌절에 대응할 준비를 할 수 있고, 용기와 전략을 갖고 난관을 극복할 수 있다.

부모의 사랑은 아이의 의지를 굳건히 하는 버팀목이다

부모의 사랑은 아이의 의지를 굳건히 하는 버팀목이 된다. 부모는 아이를 이해하고
포용해 좌절에 대응할 수 있도록 용기를 줘야 한다.
다음의 몇 가지 팁이 아이를 더 용감하고 강하게 키우는 데 도움이 될 것이다.

Tip 1

완벽하지 않아도 된다는 걸 알게 한다

아이들은 저마다 개성을 가지고 있다. 좌절 교육을 할 때도 아이의 개성에 맞춰 진행할
필요가 있다. 예민한 아이가 있는가 하면 승부욕이 강한 아이도 있다. 물론 문제의 본질
은 아이가 실수를 받아들이지 못하고, 실수는 나쁜 것이며 부끄러운 일이라고 생각하
는 것이다. 이것이 반드시 부모의 영향이라고 할 수는 없지만, 어떤 아이들은 지나치게
완벽함을 추구하고 부모와 선생님도 자신을 대단하다고 여기니 실수를 하면 안 된다고
생각한다. 그래서 사소한 실수조차 받아들이지 못한다. 이처럼 지나친 완벽주의를 깨
뜨릴 필요가 있다.
큰아이가 약간 완벽주의 성향이 있다. 나는 기회가 될 때마다 우리는 평범한 사람이며,
평범한 사람은 누구나 실수를 하고, 실수를 하더라도 고치면 된다고 말하곤 했다. 아이

와 함께 책을 읽을 때 단어를 잘못 읽으면 기회를 놓치지 않고 "미안. 엄마가 잘못 읽었어. 다시 읽어줄게"라고 했다. 피아노 선생님도 협조해주셨다. 아이에게 피아노를 가르칠 때 선생님 가끔 실수를 하셨는데 그때 그냥 넘어가지 않고 "아, 선생님도 실수할 때가 있어. 다시 치면 돼"라고 말씀하셨다. 아이는 차츰 실수가 대수로운 일이 아니며 고치면 괜찮다는 것과 그 안에서 배울 수 있다는 것을 알게 됐고, 그 사실을 깨달은 후에는 더욱 용감하게 도전을 받아들이게 됐다. 아이에게 "설령 실패하더라도 고쳐야 할 부분을 알게 됐으니 괜찮아"라고 말해주자.

아이가 느낌을 말하게 한다

아이가 말을 잘 할 수 있게 되면 말을 통해 더 많은 교류를 하면서 말로 자신의 감정을 표현하도록 유도할 수 있다. 말로써 감정을 표현하면 불안과 화남 등의 상태에서 빠르게 진정할 수 있다는 연구 결과가 있다.

큰아이가 친구 집에서 놀다가 열두 살짜리 형에게 게임에서 지자 화를 내면서 소파 위에 있던 방석을 모두 바닥으로 내던졌다. 나는 아이의 체면을 생각해서 다른 방으로 조용히 데리고 갔다. 나는 우선 아이의 감정을 이해한다는 표시로 "점수가 낮아서 기분이 좋지 않구나" 하고 말을 꺼냈다. "하지만 형은 너보다 여섯 살이나 많은걸. 형은 이

게임을 여러 번 해봤으니까 너보다 잘하는 건 당연하겠지." 여전히 뽀로통한 얼굴이다. "우리 감정을 어떻게 표현할 수 있을까? 기쁠 때는? 기쁘면 폴짝폴짝 뛰었지. 배꼽이 빠지라 큰 소리로 웃기도 하고. 그럼 기분이 나쁠 때는 어떻게 했더라? 소파 방석을 던지고 물건을 망가뜨리는 것은 좋은 방법이 아니야. 그렇다면 어떻게 표현하는 게 좋을까? 화가 났다는 것을 표시하면서 물건을 망가뜨리지도 않으려면 말이야." 아이는 잠시 생각하더니 손가락으로 머리에서 뭔가가 꼬불꼬불 올라가는 모양을 해 보였다. 머리에서 연기가 피어오르는 걸 상상했다고 한다. 그러고는 또 자신을 앵그리 버드라고 하면서 두 손가락을 눈썹에 대고 화가 난 양 추켜올렸다. 그러더니 깔깔 웃었다.

나는 아이가 문제를 해결할 수 있도록 돕는 것도 잊지 않았다. "지금 목표가 점수를 올리는 것이라면 소파 방석을 던진다고 해서 점수를 올릴 수는 없어. 어떻게 해야 할까?" 아이는 잠시 생각하더니 겸연쩍게 "형에게 가르쳐달라고 할래요"라고 말했다. 아이는 이렇게 평정심을 되찾았고 형은 침착하게 아이를 가르쳐주었다.

적절한 제안과 격려를 한다

아이가 문제에 직면하여 당황스러워할 때 어른들은 대부분 빠르고 간단한 방법으로 해결하려고 한다. 하지만 아이에게는 모든 일이 새로운 상황이다. 아이 스스로 이 새로운 문제를 용감하게 해결하도록 하는 것은 아이가 이성적으로 좌절을 대하게 해준다. 이 과정에서 부모는 우선 아이의 정서를 인정하고 그다음 '참모'가 되어 참고할 만한 이상적인 제안을 해줌으로써 아이가 실천에 옮겨보도록 할 수 있다.

큰아이가 만 7세 무렵, 크리스마스날 놀이동산에 갔다. 큰아이가 공을 던져 넣는 기계에서 놀고 있었는데 고장이 나서 두 번이나 시도해보았지만 작동하지 않았고, 점수는 오히려 깎이고 있었다. 아이는 갑자기 조급해하면서 눈물을 보이고 말았다. 아이는 내게 달려오며 외쳤다. "엄마! 엄마! 제가 하지도 않았는데 기계가 6점이나 먹었어요. 불공평해요!"

"무슨 큰일이라고. 좀더 충전해줄게"라고 말하려는 순간 좋은 기회라는 생각이 들었다. 나는 아이의 머리를 쓰다듬으면서 "아마도 기계가 고장이 난 것 같구나. 간혹 있는 일이란다. 엄마한테 좋은 생각이 있는데, 들어볼래?" 아이는 눈물을 닦으며 고개를 끄덕였다. "직원한테 가서 상황을 잘 이야기하면 그 사람이 네게 6점을 돌려줄 수도 있어. 한번 해볼래?" 그러자 아이는 두리번거리면 직원이 어디에 있는지 찾았다. 그러면서 부끄러운지 몸을 배배 꼬았다. "너는 이제 일곱 살이잖아. 충분히 정확하게 말할 수 있어. 정확하게 말하면 직원이 어떻게 해결해주는지 한번 보자. 만약에 해결이 안 되면 다시 엄마한테 오렴. 엄마가 다른 방법을 생각해볼게." 아이가 직원에게 다가갔고 아빠가 아이 뒤에 서서 지켜보았다. 얼마 뒤 아이가 웃음을 띠며 돌아왔다. 어떻게 됐냐고 묻자 "아저씨께 잘 이야기했어요. 그랬더니 6점을 제 카드에 다시 충전해주셨어요.

아빠도 더 충전해주셨고요"라고 말했다. "어때? 비슷한 일이 또 생기면 어떻게 해야 하는지 알겠지? 네가 울거나 원망한다고 해서 문제가 해결되는 건 아니야. 방법을 총동원해서 다른 사람과 소통해야 문제를 해결할 가능성이 생기는 거지. 오늘 참 의미 있는 경험을 했구나. 엄마는 네가 자랑스러워. 어디 한번 안아보자."

처음 아이의 머리를 쓰다듬을 때 나는 기계가 고장 난 일을 말하면서 아이의 감정에 공감을 표시했다. 그리고 위로를 한 후 내가 제안을 하자 아이는 진정하고 들을 수 있었으며, 최종적으로 문제를 해결한 후 간략하게 정리해주었다. 만약 아이가 울면서 불공평하다고 소리치고 있을 때 "울거나 원망해도 소용없어. 말로 해야지"라고 했다면 아이는 엄마가 자신을 동정하지 않으며 도와주지도 않고 잔소리만 한다고 생각했을 것이다.

아이의 정서를 공감해주고 적절한 격려와 적합한 제안을 더해주면, 다음번에 고난을 겪게 됐을 때 이 경험을 참고하여 문제를 적극적으로 해결할 수 있다.

제**10**장

일등을
하도록
떠밀어야
할까?

불필요한 경쟁을 줄이고 피할 수 없는 경쟁을 직시하면서 아이가 이기고 지는 결과에 집착하기보다 과정에 대해 깨닫도록 지도할 필요가 있다. 문제 해결 중심 사고로 경쟁의 실패를 대하게 하고, 실패로 인해 자포자기하지 않고 성공으로 자만하지 않도록 하면서 그 안에서 타인과 협력하도록 해야 한다. 이는 아이의 발달에 중요한 의미를 갖는다.

아이의 경쟁력을 길러줘야 한다는 말을 참 자주 듣는다. 많은 부모가 아이의 승부욕을 키워 일등을 하게 하고, 아이에게 '나는 이길 거야'라는 신념을 심어줘야만 요즘 같은 경쟁 시대에 살아남을 수 있다고 믿는다. 주변을 둘러보면 일상의 모든 것이 비교와 경쟁의 대상이 된 듯하다.

"서연이는 그림을 정말 잘 그리더라! 너도 좀 배워."

"주원이는 영어를 잘하더라! 너랑 다르게 발음이 거의 원어민 수준이

더라."

"오늘 누가 더 밥을 빨리 먹나 보자."

아이와 함께 귀국했을 때 친척들로부터 많은 질문을 받았다. "너도 피아노를 배웠구나. 어디까지 배웠니? 네 사촌 형은 북을 치는데 벌써 10급이란다. 대단하지 않니?"

많은 사람이 이렇게 함으로써 아이의 경쟁의식을 자극해 더 발전하게 할 수 있다고 생각한다. 그러나 뜻밖에도 이렇게 아이를 비교하면 자극이 되지 못한다. 오히려 '나와 다른 사람의 차이가 이렇구나'라거나 '나의 능력이 원래 이 정도였구나'라고 생각할 뿐이다. 이런 아이들은 지나치게 결과를 중시하면서 일등을 하지 못하면 견디지 못한다. 이렇게 경쟁심을 자극할수록 아이는 점점 더 위축돼 도전에 맞서지 못하게 된다. 아니면 결과를 지나치게 중시한 나머지 평상심을 잃고 오히려 더 나쁜 결과를 얻게 된다.

많은 부모가 자녀의 단점을 다른 아이의 장점과 비교하면서 '다른 집 아이'가 더 낫다고 생각한다. 아이는 자신이 영원히 부모를 만족시킬 수 없고 '다른 집 아이'처럼 완벽할 수 없다고 생각해 자신감을 잃고 발전 동력을 상실하며, 심지어 질투심을 폭발시키기도 한다.

아이가 뒤졌다고 생각하지 않도록 여러 이유를 찾는 엄마도 있다. 선생님이 다른 친구가 밥을 빨리 먹었다고 칭찬했다며 아이가 낙심하면 "괜찮아. 그 아이는 여자 중에 일등이고, 남자 중에 일등은 바로 너야"라거나 "그 아이는 다섯 살 중에 일등이고 너는 네 살 중에 일등이야"라고 위로한다. 가능한 모든 이유를 찾아 아이를 위로한다. 엄마는 이렇게 위로해주면 아이가 모든 사람이 저마다 장점이 있다고 인식하리라 생각한다. 하지만 그런 위로에서 유아가 받아들이는 정보는 '나는 항상 일등이어야 해'라는 것이다. 어느 날 엄마가 아무런 이유도 찾지 못하게 되면 이 아이는 어떻게 될까? 이런저런 이유를 찾아 아이가 항상 일등이라고 생각하게 하는 방법은 아이가 성공과 실패를 포함한 현실에 직면해 자신을 평가하고 감정을 다스리는 기회를 잃게 하여 오히려 성장을 방해한다.

우리 아이가 살아갈 사회는 글로벌 경쟁 시대인 것은 틀림없으므로 아이가 철저히 준비하도록 해야 한다. 부모가 무엇보다 먼저 해야 할 일은 불필요한 비교를 삼가는 것이다. 이를 전제로, 아이가 어떻게 정확한 경쟁 개념을 수립할 수 있을지 생각해보아야 한다.

·

인생은 시합이 아니다

미국에서는 개별적 차이를 존중한다. 많은 사람이 미국이 개인 영웅주의를 숭상한다고 오해하곤 한다. 하지만 미국의 유아 교육은 사람들이 상상하는 것처럼 개인주의나 경쟁을 추구하지 않는다. 오히려 아동의 협동과 나눔을 장려하며, 아이들을 서로 비교하는 일은 드물다.

미국은 이민 국가여서 어린이집에서는 학기마다 여러 나라와 문화를 소개하는 활동을 한다. 아이들은 어려서부터 금발도 있고 검은 머리도 있는 것처럼 모든 사람이 같지 않고, 이것이 우열의 문제가 아니라 단지 개별적인 차이일 뿐이라는 사실을 배운다. 아이들은 '나는 다른 사람과 다르고 특별한 존재이며 나만의 특징이 있어. 모든 사람은 자신만의 특징이 있으므로 다른 사람과 일일이 비교할 필요 없어'라는 사실을 쉽게 받아들인다. 그래서 어떤 차이가 있을 때 아이 눈에는 '좋음 또는 나쁨'이 아니라 개인의 특징으로 보인다.

유아는 때로 "내가 너보다 빠르지? 내가 제일 먼저 도착했어"라며 자신도 모르게 친구와 비교하기도 한다. 미국의 유아 교육은 이런 불필요한 경쟁을 지양하며, 선생님은 유아들이 비교에서 벗어나도록 도와준다. 간혹 아이들이 누가 많이 먹었나 서로 비교하면 선생님은 이렇게 말해준다. "우리의 위는 작은 주머니처럼 생겼는데, 사람마다 주머니 크기가 달라요. 밥을 먹는 건 비교하는 게 아니라 각자 충분히, 골고루 먹으면 되는 거야. 건강하게 성장할 수 있도록 자기 주머니가 꽉 찼다고 느껴지면 자리에서 일어나도 좋아요. 누가 많이 먹고, 누가 적게 먹고는 비교할 필요가 없어요." 아이들은 놀잇감을 정리할 때도 누가 빠르고 누가 느린지 비교한다. 선생님은 "물건을 정리하는 목적은 시합이 아니라 교실을 깨끗하게 정돈하는 거예요. 깨끗하게 정돈했는지 모두 주위를 한번 둘러볼까요?"라고 말해준다.

다음 두 가지 시나리오가 있다. 어떤 방법이 더 적합할까?

어린이집에서 아이들이 밖에 나가려고 외투를 입고 있다. 선생님은 옷을 빨리 입는 아이에게 점수를 줘 가장 점수가 높은 조에게 먼저 나갈 기회를 주었다. 아이들은 먼저 나가서 놀기 위해 옷을 빨리 입고 줄을 선다.

하지만 그중 동작이 느린 아이가 있어서 같은 조의 친구들에게 원망을 산다. 아니면 다른 조의 친구들이 늦게 입기를 은근히 기대하기도 한다.

다른 선생님은 이렇게 말했다. "지금 바깥 날씨가 추우니 나가려면 외투를 입어야 해요. 옷을 다 입은 친구는 선생님에게 오세요. 선생님이 지퍼를 잘 올렸는지 확인한 후에 나갈 거예요. 도움이 필요한 친구는 선생님한테 오세요. 옷은 따뜻하게 하려고 입는 거지 시합이 아니지요?" 꾸물거리는 아이가 있을 수도 있다. 하지만 반복하다 보면 습관이 돼 점점 순조로워진다.

우리의 생활, 학습, 인생은 시합이 아니라는 사실을 아이들이 분명히 알도록 해야 한다. 밥을 먹는 것은 성장하기 위한 것이고 물건을 정리하는 것은 방을 깨끗하게 하기 위한 것이다. 이렇게 아이가 다른 사람에게 초점을 맞추고 다른 사람의 기준으로 자신을 대하는 것이 아니라 상황의 본질과 과정을 중요하게 생각하도록 해야 한다.

실제로 많은 경우 비교는 아무런 도움도 되지 않는다. 오히려 '모든 사람은 특별하고 자기만의 특징을 가지고 있으며 자신의 장점은 더 살리고 부족한 점이 있다면 노력해서 보완해야 한다'라는 사고를 심어줘야 한다. 이렇게 해야만 아이의 내재적 동력을 자극하고 더욱 발전하도록 이끌 수 있다.

비교가 무의미하다면 자아 평가가 중요해진다. 자아 평가를 어떻게 해야 스스로 더 발전하도록 할 수 있을까? 이를 위해서는 평가 기준의 문제를 먼저 이해해야 한다.

사람이 아닌, 일에 대해 평가하라

아동심리학의 관점에서 볼 때, 일반적으로 유아는 정확히 자아를 평가할 수 없고 대부분 부모나 선생님, 주변 사람과 같은 외부의 평가로 자신을 인식한다.

만약 부모와 선생님이 아이를 다른 사람과 비교하는 방식으로 평가한다면, 아이도 계속해서 다른 사람의 성적과 능력을 기준으로 자신을 평가하게 된다. 다른 사람보다 잘했다면 성공했다고 느낄 것이고 다른 사람보다 못했다면 실패했다고 느낄 것이다. 부모가 이렇게 비교를 한다면 아이의 특징과 잠재력을 보지 못하고, 아이도 자신을 정확히 볼 수 없다.

A와 B는 비슷한 또래로 한 선생님께 피아노를 배우기 시작했다. 얼마 지나지 모두 다음 코스로 올라갔다. 선생님은 그동안의 관찰을 통해 A는 진도를 더 빨리 나가고 B는 원래 수준대로 진도를 나가야겠다고 생각했다. 두 아이의 실력에 분명 차이가 있기 때문이다. 만약 B의 부모가 이 점을 간과하고 A처럼 빨리 배우도록 한다면 아이를 북돋워 주기는커녕 스트레스만 주게 될 것이다. 아이는 부모의 요구에 미치지 못했다는 생각에 큰 좌절감을 안게 되고 심지어 자포자기하거나 A를 질투하게 된다. 이처럼 다른 아이의 성적으로 자녀를 평가하면 자녀의 자아 인지를 흐리게 하고 아이가 발전하도록 격려할 수 없다.

이런 비교는 또 한 가지 결과를 낳는데, 일시적으로 앞선 것에 대해 아이가 자만하게 된다는 것이다. 자신을 평가하는 기준이 다른 사람이기 때문에 '다른 사람보다 낫다면 더 노력할 필요가 없다'고 생각한다. 부모는 지식의 바다는 광활하고 인간의 잠재력은 우리의 상상을 뛰어넘는다는 사실을 아이가 깨닫게 함으로써 시야를 넓혀줘야 한다.

큰아이는 현재 초등학교 저학년으로 학업 면에서는 잘하는 편에 속한다. 예전에 나는 아이가 자만해서 열심히 공부하지 않을까 봐 걱정했었다. 어느 날 아이와 이야기를 나누다가 심리학에서 사용하는 '매우 좋음, 좋음, 보통, 나쁨, 매우 나쁨'의 선택지를 이용해보기로 했다. 큰아이는 "음, 수학은 보통인 것 같아요"라고 대답했다. 당연히 '매우 좋음'이라고 대답할 줄 알았는데, '보통'이라고 하니 좀 의외였다. 이유를 묻자, "칸 아카데미에 배울 게 얼마나 많은데요. 저는 이제 조금 배웠을 뿐인걸요. 아직 배워야 할 게 많아요" 하는 것이다. 그 순간 아이의 대견함에 놀라지 않을 수 없었다.

부모는 아이의 내재적 동력을 자극하고 아이가 더 높은 곳에서 바라볼 수 있도록 이끌어야 한다. 또한 결과가 아니라 일의 본래 목적과 과정을 중시하도록 해야 아이가 자신의 발전 가능성에 주목할 수 있다.

점수나 성적, 등수가 모두 필요 없다고 말하는 것이 아니다. 하지만 그 표현 방식에는 주의가 필요하다.

다음의 두 가지 방식을 비교해보자.

★ 첫 번째 "A는 이번 과제를 정말 잘했구나. 모두 따라 배워보자."

★ 두 번째 "A는 이번 과제를 정말 잘했구나. 노력을 많이 한 것 같더구나. 네가 자랑스러워."

첫 번째는 한 일이 아닌 사람에 대한 칭찬으로 다른 친구들에게 A를 모범으로 보여준다. 두 번째는 사람이 아닌 한 일에 대한 칭찬으로 A의 노력을 칭찬하고 과정을 강조했다. 두 번째가 아이를 격려하는 데 좋은 방법이다. 어떤 사람을 배우는 것이 아니라 행동과 태도를 배우도록 하기 때문이다.

이기고 지는 것보다
더 중요한 것을 가르쳐라

앞서도 언급했듯이, 불필요한 비교는 최소화해야 한다. 하지만 시합이나 경쟁을 피할 수 없을 때는 이기고 지는 상황을 어떻게 받아들이도록 해야 할까? 아이의 감정을 어떻게 다스려야 할까?

미국의 초등학교에는 많은 스포츠팀이 있다. 우리 아이는 만 5세 때 축구팀과 야구팀에 들어갔다. 운동 기술을 익히기 위해서가 아니라 팀워크를 배우고 전략을 응용하는 방법과 협동심을 배우도록 하기 위해서였다. 처음 시작할 때 아이는 자신이 공을 다루고 골을 넣고 싶은 마음에 같은 팀원끼리도 공을 빼앗았다. 공을 차지하지 못하면 기분 나빠하거나 심지어 울기까지 했다. 코치님은 운동은 즐거운 마음으로 해야 하며 우리는 한

팀이기 때문에 팀의 영광은 모든 팀원의 것이라고 여러 번 강조하면서 협동 전략을 가르쳐주었다. 몇 개월의 연습과 시합을 겪고 나서 아이들은 단체경기는 한두 사람이 두각을 드러내는 것이 아니라 서로 협력해야 한다는 사실을 깨닫게 됐다. 아이들이 서로 협력해 마지막에 골을 넣었을 때는 관람석에 있는 나조차 기쁨을 말로 표현하기 어려웠다.

경쟁에는 협력이 필요하며 상대방을 존중할 줄도 알아야 한다. 이러한 성품은 스포츠를 즐기는 가운데 길러질 수 있다. 코치는 시합에서 지거나 이겼을 때 아이들이 상대방을 어떻게 대하는지 등 시합 중 행동을 눈여겨보았다. 한번은 시합 중에 심판이 한 아이를 데리고 나왔다. 수비하는 상대 팀 아이를 밀고 예의 없는 말을 했기 때문이다. 코치는 이번 경기에서 그 아이가 다시 출전하지 못하게 했다. 아이는 경기에 무척 참여하고 싶어 했지만 자신의 행동에 대한 결과를 받아들여야만 했다. 시합이 종료되고 나서 코치는 아이들을 모아놓고 이렇게 말했다. "우리가 축구를 하는 목적이 뭐지? 스포츠 정신은 뭘까? 상대방을 존중하는 것이 자신을 존중하는 거야. 그렇다면 상대방을 어떻게 존중해야 할까? 시합에서 이기면 득의양양하면서 상대방을 비웃을까? 게임에서 지면? 낙담해서 상대방을 비난할까? 이건 스포츠 정신이 아니야. 상대방이 우리를 이렇게 대하길 원하지 않지?" 아이들은 차츰 멋있게 이기고 지는 방법을 배웠다.

스포츠를 오래 하다 보면 아이들은 몸도 건강해지지만 넓은 사고와 마음을 갖게 된다. 이 과정에서 코치와 부모의 격려와 지도가 매우 중요하다. 결과가 아닌 과정을 중시하는 방식으로 모든 아이를 평가하고, 시합에서의 승패와 관계없이 그 안에서 스포츠의 즐거움을 느끼는 것이 가장 중요하다는 사실을 알게 해야 한다.

코치는 시합 중 아이들의 모습도 평가했다. 한 명씩 이름을 부른 다음, 이번 시합에서 무엇을 했고 지난번보다 무엇이 좋아졌으며 앞으로 무엇을 연습해야 하는지 알려주었다. 아이들은 이런 과정을 통해 시합에서 이기고 지는 것은 중요하지 않으며 모두가 노력하고 발전했다는 것이 중요하다는 사실에 주목하게 된다. 그리고 구체적인 평가를 통해 '이기는 것'만이 유일한 목표가 아니라 아이가 스스로 자신의 장점을 발견하고 앞으로도 계속 발전하는 것이 중요함을 알게 된다.

이러한 평가 방식은 학습이나 시험 등 다른 면에서도 아이의 자아 평가에 영향을 줄 수 있다. 시험을 한 번 잘 보거나 망쳤다고 해서 큰일이 나는 것은 아니다. 중요한 것은 노력을 했느냐, 발전했느냐, 틀린 것을 통해 공부하고 향상됐느냐다. 이렇게 아이들이 '승패에 대한 집착'과 '나와 다른 사람의 비교'에서 벗어나 자아를 평가하면 '나의 능력은 어떤가, 내가 무엇을 할 수 있는가, 나는 잠재력이 있는가'라는 질문을 스스로에게 던지게 된다. 이런 아이들은 다른 사람을 시기하지 않고 자신에게 '내가 얼마나 잘할 수 있는가'를 끊임없이 물으면서 자신의 능력을 키워간다. 이 과정은 정서를 조절하는 과정이기도 하다. 시합에서 졌다 하더라도, 새로운 목표가 생긴 이후에는 패배의 정서에 빠져 있지 않기 때문이다.

우리가 스포츠팀에 참여하는 이유는 단지 몸을 건강하게 만들기 위해서만이 아니다. 이 상황에서 부모나 선생님이 교육의 기회를 놓치지 않는 것이 중요하다. 부모나 선생님이 승패를 보는 관점이 아이의 태도에 영향을 준다. 아이들이 자신을 객관적으로 평가하고 결과가 아닌 과정에 중점을 둘 수 있도록 승패에 따라 영웅을 논하지 말아야 한다. 스포츠는 아이들이 정서를 다스릴 수 있게 도와주고, 적절한 방식으로 정서를 표현하도록 하며, 목표를 다시 평가하고, 어떻게 목표를 실현할 수 있을지 생각해보게 한다. 또한 다른 사람과 소통하고 협력하는 능력을 기르도록 돕는다. 팀 경기에서 길러진 이러한 능력과 자질은 학습, 일, 생활 등의 면에 큰 영향을 미친다.

경쟁 속에서 협력을 배운다

어렸을 때 능력이 출중하다고 해서 나중에도 앞서는 것은 아니다. 한 사회, 한 회사 아니면 한 프로젝트가 순조롭게 진행되기 위해서는 반드시 팀워크가 필요하다. 미국의 많은 회사나 대학이 면접을 볼 때 중요하게 생각하는 과정 중 하나가 면접자와 동료 몇 명이 함께 식사하면서 이야기를 나누는 시간이다. 어렸을 때부터 아이의 인간관계, 타인과 협력하는 능력을 길러주어야 이런 자리에서 얼어붙지 않을 수 있다.

미국의 교육 또는 미국 사회의 가치관은 확실히 개인을 존중한다. 개인의 흥미, 개인의 특징을 존중하며 자기 생각을 표현하는 것을 제한하지 않는다. 하지만 이것이 독불장군을 장려한다는 의미는 아니다. 오히려 아이들 간의 협력을 매우 중시하며 인간관계 기술을 터득할 수 있도록 지도한다.

큰아이가 유치원에 막 입학했을 때 친구들에게 인기가 많았고, 항상 친구들이 먼저 다가와 놀자고 청했다. 그런데 세심하게도, 선생님께서 큰아이가 친구에게 먼저 다가가는 일이 없다는 사실을 발견하셨다. 다른 친구가 먼저 다가오지 않으면 아이는 책을 보거나 혼자 무언가를 했다. 선생님께서는 '자발적인 사교 활동'을 익히게 해주시려고 아이가 유치원에 도착하면 흥미로운 과제를 내주셨다. 그 과제는 적어도 두 사람 이상이 협력해야 완성할 수 있는 것이었다. 아이는 어쩔 수 없이 협력해줄 친구를 찾아나서야 했다. 이렇게 몇 주가 지나자 아이는 자발적으로 다른 친구들과 놀기 시작했다.

나는 이런 방식으로 아이를 지도해주신 선생님께 깊은 감동을 받았다. 선생님의 지도로 키워진 능력과 성품은 나중에 성인이 되어서도 아이에게 큰 도움이 될 것이다.

불필요한 경쟁을 줄이고, 피할 수 없는 경쟁이라면 아이가 승패에 주목하기보다 과정을 중시하도록 해야 한다. 문제 해결에 초점을 맞춰 경쟁의 승패를 대하면 졌다고 자포자기하지 않으며, 이겼다고 자만하지도 않을 것이다. 오히려 그 안에서 타인과 협력하는 방법을 배우는데, 이는 장차 아이의 성장에 매우 중요한 의미를 갖는다.

모든 경쟁을 차단할 수도 없고, 그럴 필요도 없다

경쟁으로 가득 차 있는 현대 사회를 살아가는 우리의 아이들 역시 준비가 필요하다. 어떤 부모는 자녀가 경쟁 상황에 놓이지 않도록 지나치게 신경을 쓰기도 한다. 하지만 아이를 새 둥지 안에 모셔두고 있을 수만은 없는 법. 어차피 아이가 살아갈 미래에는 경쟁이 더 치열해질 터이니, 그에 대비하는 수밖에 없다.

아이가 자기 자신과 비교하게 한다

경쟁에서 지더라도 아이가 성장형 마인드로 패배를 대하고 스스로 발전을 추구하도록 해야 한다.

두 아들이 처음으로 지역 수영팀에 참여하게 됐다. 예전에는 사설 코치에게 배웠는데 시합에 참가할 기회가 오지 않아 지역 수영팀에 들어간 것이다. 다행히 경쟁의 장점을 적절히 체험할 수 있었다. 두 번의 시합을 치르면서 아이들은 자신의 현 위치를 알게 됐고, 자세를 고쳐야만 더 좋은 성적을 낼 수 있다는 것도 스스로 느끼게 됐다. 예전에는 시합에 나가지 않으니 스스로 수영을 매우 잘한다고 생각했고, 코치가 자세를 교정해 주려고 해도 절박하지 않으니 열심히 따르지 않았다. 시합에 한 번 나가고 나니 내재적 동기가 발동해 스스로 실력을 높이고 싶어 했다. 코치가 입수 동작을 교정해주자 두 아이 모두 열심히 따라 했고 코치가 지나가고 나서도 스스로 연습했다. 실제로 다음 날 성적이 2~3초나 빨라졌다. 두 아이는 모두 특별한 성취감을 느끼며 더욱 열심히 연습했다.

두 아이는 항상 성장형 마음가짐으로 자신의 기록을 비교했다. 수영선수를 목표로 오래 훈련해온 아이들도 있을 테니 일등과 비교한다면 큰 좌절감을 맛보게 될 것이다. 수영팀의 코치도 아이들이 자기 자신과 비교하도록 지도했다. 시합이 끝난 다음 날이면 시합을 돌아보게 했고, 자신의 최고 기록을 경신했을 때는 작은 상을 주기도 했다. 이렇게 하면 모든 수준에 있는 아이가 골고루 격려를 받을 수 있다.

적당하기만 하다면, 경쟁이 나쁜 것만은 아니다. 중요한 것은 경쟁을 하느냐 안 하느냐가 아니라 아이들이 어떻게 대하느냐다. 성장형 마음가짐을 통해 자기가 스스로 발전의 가능성을 발견하고 노력하도록 한다면 경쟁도 도움이 된다.

앞으로 살아가는 동안 경쟁이 있고 없고에 상관없이 아이는 객관적으로 자신을 평가하고 목표와 고난을 가늠하면서 전략을 조정할 수 있어야 한다. 물론 아이는 어른의 도움으로 차츰 자신을 조절하는 법을 배운다. 경쟁으로 인해 부작용이 나타난다면 경쟁의 문제가 아니라 어른이 성장형 마음가짐을 갖도록 지도하지 못한 탓이다.

현실을 직시하고 자신을 정확히 인식하게 한다

경쟁과 협력은 상부상조의 관계다. 아이가 자신을 정확히 인식하고 평가하게 하고, 타인과의 협동심을 길러줘야 하며, 자신의 정서를 다스려 어려움에 직면했을 때 원망하는 것이 아니라 문제 해결에 주목하도록 해야 한다.

이 과정에서 부모가 주의해야 할 것은 현실을 미화하거나 고의로 장애를 만드는 것이 아니라 아이가 현실을 직시하고 자신을 정확히 인식하도록 하는 것이다. 이는 아이의 성장에 중요한 의미를 갖는다. 아이가 경쟁에 직면할 때 정서적 소통에 주의하고, 아이가 자신을 정확히 평가할 수 있도록 도와야 한다.

아이의 성장을 인내심을 갖고 기다리면서 종합적 소질을 길러준다

부모는 아이의 연령에 따라 무엇을 할 수 있을지 생각해봐야 한다. 유아는 외부 사물이나 타인에 대한 인식과 평가, 목표에 대한 평가, 문제 해결 능력 등이 모두 미성숙하다. 너무 일찍 아이를 경쟁으로 내몰고 승패에 주목하면 아이는 실패와 좌절을 받아들이지 못한다. 이는 좌절을 받아들일 수 있는 아이로 키운다는 목표와도 어긋난다.

경쟁은 피할 수 없다. 다만, 아이가 심리적으로 성숙할 때까지 기다렸다가 경쟁심을 길러줘도 늦지 않다. 유아기에 경쟁을 등한시하는 것처럼 보이는 교육이 나중에 더 큰 경쟁심을 갖게 해주기도 한다.

이 과정에서 아이에겐 협동심과 인간관계, 정서 조절 능력 등이 필요하며 이 요소들이 한쪽으로 치우치지 않고 조화를 이뤄야 한다. 이러한 능력을 갖추면 아이는 성장 단계마다 다른 고난을 겪더라도 강한 인성과 융통성으로 발전해갈 수 있다.

제11장

즐거운
교육이란
무엇일까?

　'즐거운 교육'이란 더 정확히 말하면 '즐거움을 얻는 교육'이다. 아이가 매 순간 즐거움을 느끼게 하는 것이 아니라 아이가 즐거움을 얻는 방법을 터득하도록 하는 것이며, 이것이 바로 '즐거운 교육'의 본래 뜻이다. 중요한 것은 아이가 즐겁지 않을 때도 부모가 기회를 놓치지 않고 아이가 성장하는 능력을 갖도록 돕는 것이다.

　'즐거운 교육' 역시 요즘 뜨는 교육 트렌드 중 하나다. 많은 부모가 이를 피상적으로 이해해 '아이를 항상 즐겁게 하는 것이 아이를 사랑하는 것'이라고 생각한다. 이들은 '즐거움', '자유', '방목' 등의 단어를 좋아하며 아이에게 어떤 것도 요구하지 않고, 어떤 한계도 설정하지 않은 채 자유롭게 내버려 둔다. 심지어 학습까지 금지한다.

　한번은 동네에서 시어머니와 며느리가 크게 싸운 일이 있었다. 그 이유를 알아보니 시어머니가 손주(두 돌이 지난)를 데리고 밖에 놀러 나가면서 건물 앞의 주차 칸 번호를 가르쳐주었는데, 오가며 반복하다 보니 아이가 숫자를 깨치게 됐다. 그런데 며느리가 이 일을 알고 어린아이에게 공부를 시켰다며 노발대발했다는 것이다.

이렇게 완전히 극으로 가는 부모도 적지 않다. 많은 부모가 학습을 힘든 것이라고 생각하고 아이가 초등학교에 입학하기 전까지 아무것도 배우지 못하게 한다. 그들은 이것이 바로 즐거운 성장이며 아이에게 좋은 것이라고 생각한다. 하지만 뜻밖에도 아이들은 태어날 때부터 호기심과 학습 능력을 갖추고 있어서 생활 속에서 자연스럽게 미지의 사물을 탐색하고 발견하며 기쁨과 성취감을 느낀다. 그러므로 극단으로 치닫는 이른바 즐거운 교육은 의도와 달리 괴로운 결말을 맞이하게 된다.

아이가 자유롭게 성장하도록 하기 위해 '방목 육아'를 추구하던 한 엄마도 같은 고민이었다. 아이가 3학년이 되자 학교생활에 적응도 못 하고 수업에 집중을 못 해 과제도 하지 않고 게임에 빠졌는데, 아무리 좋게 얘기해도 듣지 않고 때려도 소용없으니 어찌해야 할지 모르겠다고 털어놨다.

이것이 한쪽으로 치우친 교육의 결과다. 이런 환경에서 아이가 즐거울 수 있을까? 아이는 학교에서 매일 선생님께 꾸중을 듣고 집에 오면 엄마에게 혼난다. 소리를 지르고 때리기까지 한다. 이런 날들을 벗어날 방법이 없다. 부모 역시 즐겁지 않다. 이때는 왜 부모가 '즐거운 교육'을 고수하지 않을까?

이 아이들에게 학교는 이미 즐겁지 않은 곳이 됐다. 집에 돌아오면 부모는 당연히 아이를 위로해줘야 한다. 구체적으로 문제를 해결할 방법을 함께 고민해야 아이들이 다시 즐거움을 느끼고 자신감을 회복한다. 부모는 아이의 안전기지 아닌가. 많은 부모가 무의식중에 양육의 근본인 관계를 무너뜨린다. 부모와의 관계가 원만하지 않은 가정에서 어떻게 아이가 즐겁기를 바랄 수 있을까? 즐거운 교육이 한쪽으로 치우친다면, 그 결과는 부모의 기대에서 완전히 벗어나고 만다.

아이가 즐겁게 성장하는 것은 아마도 모든 부모의 바람일 것이다. 하지만 아이의 성장에는 반드시 고민이 따라야 한다는 것도 알고 있어야 한다. 즐겁지 않은 가운데에도 종종 중요한 교육의 기회가 숨어 있다. 그러니 부모는 맹목적이고 극단적인 즐거움만을 추구해서는 안 된다.

성장은 곧 변화다

성장은 변화를 의미하며 아이는 신체적·인지적·감정적 변화를 겪으며 자란다. 발달심리학에서는 이러한 변화의 과정을 통해 성장을 정의한다. 변화는 피할 수 없으며 적응하느냐 적응하지 못하느냐라는 두 가지 선택지만 존재한다.

흔한 예로 아이의 신체적 발육은 이르기도 늦기도 한다. 어떤 아이는 키가 빨리 크고 어떤 아이는 늦게 발육한다. 키가 큰 아이가 작은 아이를 비웃거나 놀릴 수도 있다. 만약 작은 아이가 자신감이 부족하다면 다른 아이의 시선을 의식하게 되고, 부모마저 그 마음을 도닥여주지 못한다면 신체 발육에 대해 큰 스트레스를 받게 될 것이다. 반면 키가 작은 아이가 자신감이 있고, 친한 친구들이 있다면 스트레스는 훨씬 줄어든다.

변화가 가져오는 스트레스에 대한 적응력의 강약이 아이의 즐거움을 결정한다. 적응을 잘하는 아이는 적응이 어려운 아이보다 스트레스를 적게 받는다. 적응력은 아이의 개성, 친구 관계나 부모와의 관계로 결정된다. 부모와의 관계는 그중 중요한 요소로 변화가 가져오는 스트레스에 얼마나 잘 적응할 수 있는지를 결정한다.

좀 멀리 보면 우리의 자녀는 영원히 어린아이가 아니다. 영원히 부모 품에서 키울 수는 없는 노릇이다. 〈니모를 찾아서〉를 보면 니모의 아빠는 니모를 매우 사랑해 "나는 그 아이에게 아무 일도 일어나지 않길 바라"라고 말한다. 그러자 도리가 "그것참 이상한 생각이네. 어떻게 아무 일도 일어나지 않을 수가 있지?"라고 말한다. 우리는 시간을 거스를 수도 없고, 아이를 가둬놓을 수도 없다. 오히려 아이의 성장 자체가 아이에게 무슨 일인가가 일어나는 것이다.

그렇다면 니모 아빠가 한 말은 "어떤 나쁜 일도 그 아이에게 일어나질 않길 바라"라는 뜻일 것이다. 하지만 이것 역시 불가능하다. 성장 과정에는 헤쳐나가야 하는 어려움이 곳곳에 숨어 있기 때문이다. 부모가 아이에게 영원히 보호 장막을 제공할 수는 없다. 아이는 독립적인 개체로 자기 생각과 판단, 의지를 가진다. 아이의 성장은 부모의 보호로부터 멀어진다는 것을 의미한다. 자신의 사고로 판단하는 독립적인 인간이 되는 것이다.

유리 브론펜브레너Urie Bronfenbrenner의 생태학 이론에 따르면 한 사람의 발달은 다섯 가지 환경체계의 직접 또는 간접적인 영향을 받는다고 한다. 이 다섯 가지 환경체계는 미시체계(가정, 학교, 동료 등), 중간체계(부모와 학교의 관계, 학교와 동료의 관계 등), 외체계(지역사회, 의료 환경, 언론 등), 거시체계(문화 전통, 사회 가치관 등), 시간체계(시대의 낙인)를 말한다. 가정은 미시체계 중 하나일 뿐이며 많은 일이 부모가 통제할 수 없는 곳에서 발생한다. 멀리 보면 부모가 할 수 있는 일은 아이를 위해 안전한 보호 장막을 만들어주는 것이 아니라, 아이에게 긍정적인 영향을 미치도록 노력해서 다른 요소가 아이의 성장에 미칠 부정적인 영향을 완화하는 것이다.

성장은 바로 변화에 대한 적응이다. 아이에 대한 부모의 지지와 사랑은 아이가 적응하는 데 필요한 힘의 근원이다. 성장이 변화에 임하는 것인 만큼 좌절과 상심, 두려움 등의 감정도 피할 수 없다. 그렇다면 이러한 부정적인 정서는 반드시 아이를 해치는 것일까?

웃음과 눈물은 똑같이 중요하다

정상적인 사람이라면 누구나 여러 가지 감정을 경험한다. 만약 누군가 '즐거움'이라는 한 가지 감정만을 느끼고 다른 감정을 느끼지 못한다면 그것이야말로 비정상적이라 할 수 있다.

많은 부모가 자녀가 상심이나 좌절, 수치심을 느끼지 않고 온종일 즐겁기를 바란다. 하지만 부정적인 정서 역시 아이의 발달에는 매우 중요하다.

아이는 태어나서 수개월 동안은 기쁨, 화남, 상심, 두려움 등 몇 가지 정서만을 느낀다. 18개월이 된 아이의 정서는 매우 풍부하게 발달하여 더 높은 수준의 정서를 표현한다. 이를 자아의식 정서라고 한다. 여기에는 수치감, 난처함, 죄책감, 시기, 자부심 등이 포함된다.

만 2~6세에는 유아의 자아 개념이 발달하면서 부모의 질책이나 칭찬에 예민해지고 늘 자아의식 정서를 겪게 된다. 적절한 체험은 자아 개념의 발달을 촉진하지만 반대의 경우 자아 개념의 발달을 해치게 된다. 만약 "너는 착한 아이가 아니야", "왜 이랬니?", "착한 아이는 이러지 않아!"와 같이 부모가 아이의 표현과 자아를 연결해서 가치 판단을 한다는 걸 암시하면 아이는 강렬한 정서를 느끼게 된다. 실패했을 때 더 강한 수치심을 느끼고, 성공했을 때는 더 강한 자부심을 느낀다.

이러한 강한 정서는 아이의 자아 평가에 영향을 미친다. 부모로부터 항상 부정적인 평가를 받은 아이는 자신이 나쁜 아이라고 인식하고 자신을 드러내는 데 무관심하거나 고의로 반항한다. 만약 부모가 "이번에는 이렇게 했지만, 다음에는 다른 방법을 생각해볼래?"(이런 평가 방식은 차후 표현을 어떻게 개선할지에 초점을 둔다)와 같이 사람이 아닌 한 일에 대해 평가한다면 아이는 합리적이고 적절한 정서를 느끼고, 자아를 객관적으로 평가할 수 있다. 게다가 어려움에 직면했을 때는 더 적극적으로 방법을 생각해

내 해결한다.

많은 부모가 아이가 수치심이나 죄책감을 느끼지 않길 바라고, 이런 감정이 아이의 마음에 그늘을 드리울 것이라고 염려한다. 하지만 사실 적절한 죄책감은 유아가 다른 사람을 해치는 충동을 통제하도록 한다는 결과가 많은 연구를 통해 밝혀졌다. 아이는 무엇인가를 잘못했을 때 적절한 죄책감을 느낌으로써 잘못을 고칠 방법을 생각한다. 그러므로 적절한 죄책감은 유아의 자기 통제력을 발달시키는 데 도움이 되고 인간관계 스킬도 길러준다고 할 수 있다. 유아는 여러 감정을 체험할 필요가 있다. 오히려 만 4~5세가 지나도록 죄책감이나 수치심을 느껴보지 못했다면, 아이의 인간관계 발달과 도덕적인 면에 전혀 좋을 게 없다.

적절한 죄책감은 오히려 기쁨을 느끼게 해준다

아이가 성장하는 과정에서 경험하는 여러 감정에는 각각의 중요한 역할이 있다. 이 과정에서 부모는 아이가 지나치지 않고 적절하게 감정을 표현하도록 가르쳐야 한다. 유아가 자신과 타인의 정서를 인식하도록 하고, 어떤 잘못을 했을 때 그 잘못이 다른 사람에게 미치는 영향에 대해서도 알려줘야 한다.

"미끄럼틀에서 친구를 밀면 친구가 넘어져서 다치게 돼"라고 말한다면 유아가 적당한 죄책감을 느껴 자신의 행동을 바로잡을 수 있다. 연구에 따르면 올바른 행동이나 올바른 행동을 해야 하는 이유를 설명하는 것보다 잘못된 행동으로 인한 나쁜 결과를 지적하는 것이 아동의 동정심과 감정이입의 발달에 유리하다고 한다. 이러한 상황에서 아이들은 더 협조적이며 예의 있게 행동하고 잘못을 고치기를 원한다. 그 가운데 죄책감에서 벗어나 평정심을 찾을 수 있으며, 이런 아이들이 종종 더 행복을 느낀다.

아이들이 함께 놀 때 일부러 그런 것이 아니더라도 조금씩은 다투기 마련이다. 우리 집 두 아들도 싸울 때가 있다. 그러면 나는 "지금 형(또는 동생) 기분이 좋지 않네. 어떻게 하면 다시 기분을 좋게 할 수 있을까?"라고 말한다. 그러면 아이들은 "제가 가장 아끼는 장난감을 가지고 놀게 해줄래요", "안아줄래요", "눈물을 닦아줄래요", "재미있는 이야기를 하나 해줄래요" 등 여러 방법을 생각해낸다. 아이들은 감정이입을 토대로 어느 정도의 죄책감을 경험하고 나면 행동을 고치면서 죄책감에서 벗어나 즐거운 감정을 되찾는다. 이런 아이들이 더 행복감을 느낀다.

하임 기너트Haim Ginott 박사[7]는 이렇게 말했다. "아이의 기쁨과 눈물은 똑같이 중요합니다. 정서는 한 사람의 인격을 고상하게 합니다. 인간이 비로소 인간이 된 것은 여러 가지 정서를 경험했기 때문이며 깊이 경험할수록 인간적이 됩니다. 부모로서 굳이 아이를 기분 나쁘게 할 필요는 없지만 아이가 기분이 나쁠 때 이런 일들이 아이를 성장하게 하고 문제를 해결하는 기회가 된다는 사실을 일깨워줘야 합니다. (…) 잘 생각해보십시오. 부모로서 우리의 책임이 단지 아이를 기쁘게 하는 것입니까? 아닙니다.

7 　아동심리학자로, 그의 저서인 《부모와 아이 사이(Between Parent and Child)》를 추천한다. 기너트 박사는 부모를 대상으로 아이와 어떻게 소통해야 하는지에 대해 자주 강연을 했으며 이후 출판된 많은 육아서의 이론이 여기에 근거를 두고 있다.

우리의 책임은 아이가 더 잘 성장하도록 돕는 것입니다."

즐겁지 않은 시간이 귀중한 배움의 기회가 되기도 한다

나쁜 기분 역시 중요한 정서 중 하나라는 사실을 이해했다면 즐겁지 않은 시간이 오히려 교육의 귀중한 기회라는 사실도 깨닫길 바란다. 부모가 이를 적절히 이용한다면 아이의 성장에 깊은 영향을 미칠 수 있다.

삶은 달고 쓰며 시고도 매운 것. 기쁨이 있다면 슬픔도 있다. 아이들 역시 즐겁지 않은 많은 순간을 만나게 된다.

★ 학교에서 급식 규칙을 지키지 않고 뛰어다니다가 경고를 받아서 기분이 나쁘다.

★ 운동장 안전 규칙을 지키지 않고 가장 높은 미끄럼틀에서 뛰어내리다가 얼굴을 부딪혀 멍이 들어 기분이 나쁘다.

★ 축구 시합에서 졌다. 매우 기분이 나쁘다.

★ 형이랑 누가 먼저 씻느냐를 가지고 싸웠다. 기분이 나쁘다.

★ 쉬는 시간에 제일 좋아하는 게임을 못 했다. 기분이 나쁘다.

미처 알지 못했는데, 생각해보니 일상생활 속에 나쁜 감정이 이렇게 많다. 아이들이 항상 햇살 가득한 꽃밭에 있는 것은 아니다. 아이들은 생활 속에서 자연스럽게 달고 쓴 여러 가지 맛을 느끼게 된다. 우리가 알고 있는 '즐거운 교육'은 아이들이 매 순간 즐거움을 느끼게 하는 것이 아니다.

아이가 즐겁지 않을 때 부모가 무엇을 하느냐, 즉 이 기회를 통해 아이가 성장할 수 있도록 하느냐가 중요하다.

아이가 규칙을 지키지 않았다면 규칙을 지키지 않았을 때 아이 자신이나 다른 사람이 다칠 수 있다고 말해줘야 한다. 식당에서 뛰면 바닥에 물이나 주스가 있을 수 있으므로 미끄러지기 쉽고, 많은 사람이 식판을 들고 서 있으므로 다른 사람과 부딪히거나 넘어질 수 있다. 아이들이 적절한 죄책감을 느끼면서 잘못된 행동을 고치면 사고가 일어날 가능성이 줄어든다.

친구와 놀다가 기분이 나빠졌다면 다른 사람의 마음과 자신의 마음을 이야기해주고, 아이가 입장을 바꿔 다른 사람의 마음을 이해하는 능력을 기르도록 해주거나 자기 통제력을 길러 인간관계를 개선하도록 돕는다. 그러면 다른 친구와 놀 때 즐거울 가능성이 점점 높아진다.

하루는 저녁을 준비하는데 형제가 무슨 일인지 모르지만 싸우기 시작했다. 나는 밥을 하느라 나가볼 틈이 없어 아이들이 실랑이하는 소리를 주방에서 듣기만 했다. 얼마 동안 티격태격하다가 큰아이가 발끈하며 "내가 이렇게 하면 너는 기분이 어떻겠어? 생각해봐!" 하자 작은아이는 아무 말도 하지 않았다. 그러고 나서는 무슨 일이 있었냐는 듯 사이좋게 놀았다. 평소 자신이 한 행동에 대한 결과와 다른 사람의 감정을 생각해보도록 했는데, 몇 년이 지나니 이렇게 효과가 나타났다.

정서를 통제하는 대뇌피질은 청소년 말기 무렵이 돼야 발육이 성숙해지기는 하지만, 평소에 정서를 조절하는 방식으로 아이가 다시 즐거움을 느끼게 할 수 있다. 정서를 표현하기 어려워하는 아이에게 "굉장히 화가

나 보이네. 수박만큼 화가 난 것 같은데!" 손으로 커다란 수박을 그리며 말하면 아이는 웃는다. 만약 그래도 계속 화를 낸다면 잠시 뒤에 "이제 화가 사과만 해진 것 같네"라고 말하면 곧 누그러진다. 그러면 이어서 "아, 이제 포도알만큼 작아졌다"라고 말한다. 이 과정에서 아이는 자신의 감정을 표현하는 방법을 배운다. 말로써 자신의 정서를 표현하기 시작하면 아이는 차츰 정서를 조절할 수 있게 된다.

기분 나쁜 상황이 생기는 것 역시 정상적인 일이다. 눈물과 기쁨은 한 사람의 성장에 똑같이 중요하다. 핵심은 그것을 어떻게 대하느냐다. 부모는 이런 '즐겁지 않은' 시간을 통해 아이가 행동 규칙을 배우고, 사고와 문제 해결 능력을 키우고, 스스로 정서를 조절하는 법을 익히도록 할 수 있다.

성장을 위해서는 진통이 따른다고 이야기한다. 성장은 변화다. 적응에 대한 정신적 스트레스가 따르기 마련이다. 부모로서 아이의 감정에 관심을 갖고 아이의 변화를 이해하며 생활 속에서 발생하는 나쁜 기분을 해소하도록 유도해야 한다. 이렇게 하면 아이들은 긍정적인 태도로 스스로 즐거움을 되찾는다.

번데기에서 나오려고 발버둥치는 나비를 발견했다고 하자. 만약 불쌍한 생각이 든다고 해서 번데기를 찢어 나비가 나올 수 있게 해주면, 나비는 날개도 펼쳐보지 못하고 죽고 만다. 사실 발버둥치는 과정은 나비가 성장하는 데 꼭 필요하다. 아이를 대하는 것 역시 마찬가지다. 아이가 날개를 활짝 펼치기를 바란다면 번데기 안에서 발버둥치는 고통을 인내하도록 해야 한다. 아이를 편하게 하려는 행동이 오히려 살아가면서 겪어야 할 많

은 도전에 무력해지게 할 수도 있다. 성장에 필요한 경험을 통해 미래의
세계에 더 잘 적응할 수 있도록 도와야 한다.

성장 과정에 즐거움만 가득하지는 않다는 걸 받아들이자

즐거운 성장은 지금 당장 즐거운 것을 말하지 않는다. 많은 부모가 아이에게 지금 당장 즐겁지 않은 것만 본다. 그래서 자신이 무언가 잘못했다고 느끼며 아이의 기분을 풀어주기 위해 애를 쓴다. 우리는 멀리 내다볼 필요가 있다. 아이의 보편적인 발달 규칙을 존중하고, 아동 자신의 개별적 특징을 관찰하고 충족시켜줘야 한다. 존중받은 아이는 개성, 흥미, 능력이 그만큼 잘 발달하며 행복할 가능성도 더 크다.

Tip 1

부모는 자신의 감정으로 아이의 감정을 대신하지 말아야 한다

많은 부모가 자신의 감정으로 아이의 감정을 대신하려 한다. 예컨대 '공부'라는 말만 들어도 몸서리치고 공부가 아이에게 엄청난 스트레스를 준다고 생각하는 엄마를 만난 적이 있다. 그 엄마는 자신이 공부를 싫어했고 예전에 스트레스를 받은 적이 있어서 아이도 당연히 학습을 즐거워하지 않을 것이라고 여겼다.

아이가 말을 배우고, 기고 걷는 것을 배우고, 자유롭게 노는 것으로 스트레스를 받는다고 생각하는 사람은 없다. 하지만 이 과정 역시 일종의 학습이다. 아이가 직면한 것은 새로운 세계이며 아이들은 계속해서 무언가를 배운다. 누가 이 학습 과정이 즐겁지 않다고 할 수 있을까? 열심히 기어서 원하는 장난감을 손에 넣었을 때, 자신이 원하는 바를 분명히 표현했을 때, 어른들이 보기에는 아무것도 아닌 일을 온갖 방법을 동원해 완성했을 때 아이들은 즐겁고 행복하다. 그러므로 많은 부모가 이야기하는, '아이를 즐겁게 해준다'는 말은 잘 생각해봐야 한다. 여기서의 '즐거움'이 과연 아이의 즐거움 인지 아니면 부모의 즐거움인지 말이다.

Tip 2

학습 자체는 즐거운 것이며 성취감을 동반한다

유아의 학습은 글자를 알고 수를 헤아리는 것이나 앉아서 받아쓰기를 하는 데 그치지 않는다. 나의 두 아들도 초등학교 입학 전 많은 것을 '공부'했다. 1학년 2학기 정도에 배우는 온도의 변화라든지 우리가 사는 지역의 나무 종류, 나뭇잎에 대해 알고 있었다. 마당에서 나뭇잎을 주웠을 때 아이들은 무척 즐거워했다. 소방차가 유치원에 와서 한 소방관이 화재 발생 시 어떻게 해야 하는지 등을 설명해줄 때 아이들은 소방차 안을 탐색하며 즐거워했다.

학습은 즐거운 것이며 성취감을 안겨준다. 아이들은 처음으로 운동화 끈을 스스로 묶었을 때, 처음으로 도로 표지판의 글자를 읽었을 때, 처음으로 친구와의 다툼을 스스로 해결했을 때 큰 성취감을 느낀다.

만 2세가 지나면 아이의 자아 개념은 굉장히 빠른 속도로 발달한다. 자신이 좋아하는 일을 하거나 어떤 목표를 성공적으로 실현하면 자기 유능감을 세우는 데 도움이 된다. 자기 유능감은 아이에게 매우 중요하다. 아이가 자신이 무엇을 할 수 있고 무엇을 할 수 없는지 알도록 해서 자신이 할 수 있는 일을 하는 걸 좋아하게 하고 자신감을 길러주며, 이것은 선순환이 된다. 점점 자신감을 얻으면 아이들은 도전을 두려워하지 않게 된다. 한 번 도전했다가 안 되면 여러 번 다시 해보며, 쉽게 위축되지 않는다. '내가 무엇을 할 수 있는가, 내가 무엇을 하는 것을 좋아하는가, 내가 무엇을 잘하는가'를 인식하는 과정은 아이가 차츰차츰 자아 개념을 세워가는 과정이다. 자아 개념이 생긴 아이는 더 행복하고 일을 하거나 사람을 만날 때 자신감이 생긴다.

반면, 부모에게 항상 '학습'을 저지당한 아이는 무엇인가를 해볼 기회를 거의 갖지 못한다. 부모는 아이가 잘하지 못하기 때문에 무엇을 하더라도 대신 해준다. 아니면 아이가 하고 싶어 하는 일을 가끔 하게 뒀지만 성공하지 못했을 때, 신발 끈을 묶는 데 너무 오래 걸리거나 컵에 물을 따르다가 쏟았을 때, 부모는 이렇게 말한다. "내가 이럴 줄 알았어. 이리 와. 엄마가 할게." 심지어 모욕적으로 말하기도 한다. "정말 바보같구나. 어쩜 하는 일이 다 그러니?" 부모의 이런 말은 아이의 자기 유능감에 심각한 영향을 준다. 자신이 무엇을 할 수 있는지 또 무엇을 할 수 없는지 모른다면, 잘 해내지 못했을 때 매번 야단을 맞는다면 아이는 당연히 새로운 것에 도전하고 싶은 생각이 들지 않을 것이다. 자녀가 소심해서 아무것도 해보려 하지 않아 어떻게 해줘야 할지 모르겠다고 하는 부모도 있었다. 이렇게 아이를 대하면 아이의 자아 개념에 해가 돼 자아를 의심하게 된다. "제가 무엇을 할 수 있는지, 제가 무엇을 좋아하는지 모르겠어요. 저는 아무 쓸모가 없나 봐요"라고 생각하는 아이가 행복할 수 있을까?

아이들은 매일 새로운 사물을 받아들이고, 강한 학습 욕구를 가지고 있다. 아이들이 원한다면 공부하게 해주는 것도 나쁘지 않다. 세상에 대해 호기심과 흥미를 가지고 스스로 도전해보고 문제를 해결하는 능력과 스스로 해결하는 능력을 키워가게 한다면, 이런 아이가 어떻게 행복하지 않을 수 있을까? 존중받는 즐거움과 목표를 실현하고 문제를 해결하는 즐거움을 느끼게 될 것이다.

경계와 규칙을 아는 아이가 더 행복하다

아이에게 제한을 가하는 것이 아이를 즐겁지 않게 할까 봐 안전 경계를 세우지 못하는 부모가 많다. 하지만 위험한 일에는 반드시 경계가 필요하다. 이 점에 대해서는 쉽게 타협해서는 안 된다. 아이가 즐겁거나 즐겁지 않은 것은 안전의 경계에 기준을 두고 갈리는 것이 아니라 부모 자신이 안전 경계를 어떻게 세우느냐에 따라 달라진다.

아이가 젓가락을 들고 방에서 뛰어다닌다면 제지해야 할까? 물론이다. 그렇다면 어떻게 제지해야 할까? 젓가락을 빼앗으면 아이는 울 것이고 엄마는 설명할 것이다. "이것은 위험하니까 가지고 놀면 안 돼." 아이는 달라고 계속 울 것이다. 왜냐하면 아이는 위험을 전혀 예측할 수 없기 때문이다. 게다가 엄마가 자신의 물건까지 빼앗아갔으니 더 크게 울 것이다. 엄마는 아이가 떼쓰는 걸 참지 못해 한바탕 혼을 낸다. 안전의 경계를 이런 식으로 세운 아이는 아마 행복하지 않을 것이다.

우리는 방법을 바꾸어볼 수 있다. 엄마가 아이 앞에 앉아 아이의 눈을 보며 말한다. "젓가락을 들고 뛰면 위험하단다. 뛰고 싶으면 젓가락은 엄마에게 주렴. 뛰지 않으면 돌려줄게. 계속 젓가락을 가지고 있고 싶으면 의자에 앉으렴. 네 젓가락은 엄마가 가지고 있다가 의자로 돌아가면 돌려줄게" 안전의 경계를 세우면서 아이도 일정 부분 참여하게 함으로써 간단한 선택을 하도록 한다. 이렇게 하면 아이가 즐겁지 않을 가능성은 줄어든다.

성장은 하나의 과정이다. 이 과정에서 아이는 천천히 부모의 품을 벗어나 스스로 생각하고 스스로 판단하며 여러 인간관계를 스스로 처리한다. 자신이 항상 세상의 중심인 아이는 행동의 경계를 이해하지 못할 것이다. 어디를 가든 자기 마음대로 해도 된다고 생각할 것이다. 아이의 발달 과정이라는 측면에서 말하면 영아기는 자기중심적이다. '어른들이 나를 둘러싸고 내가 필요한 것을 충족시켜주네.' 영유아가 이렇게 생각하는 것은 정상이다. 이때 부모가 점차 규칙을 가르치면 자신이 세상의 중심이 아니고 다른 사람도 중요하며, 그들도 감정을 느낀다는 것을 알게 된다. 천천히 다른 사람의 감정도 이해할 수 있게 된 아이는 일정한 사회적 규칙을 지킬 수 있다. 한 사람의 '사회인'으로 변하는 것이다. '이 세상에는 규칙이 있어. 부모님도 마지노선이 있어'라는 생각을 갖게 되고, 이것이 사회화의 발달이다. 이런 아이는 이치를 깨달았기 때문에 다른 사람과 함께 있을 때 더 행복하다.

Tip 4

감사할 줄 아는 아이가 더 행복하다

모든 아이는 순수한 마음을 지니고 있다. 작은 들꽃을 보고도 눈을 반짝이고 비눗방울을 보고도 자지러지게 웃는다. 부모가 꼭 안아주면 함박웃음을 지어준다. 감사할 줄 아는 아이가 더 행복하며, 부모와도 더 좋은 관계를 유지한다.

아이를 위해 온 정성을 쏟는데, 어째서 이것을 당연하게 생각하고 불만만 늘어놓는지 모르겠다며 한숨을 쉬는 부모도 있다. 앞서 설명했듯이 유아는 자기중심적이라 타인의 감정을 이해하는 법을 배워야 한다. 그중 첫 번째가 바로 부모의 마음을 이해하는 것이다. 가장 많은 시간을 함께하는 사람이 바로 부모이기 때문이다. 부모는 아이에게 온 정성을 다하지만 보답을 바라지 않는다. 그래서 아무리 피곤해도 또는 무언가 바라는 것이 있어도 말하지 않고 아이의 바람을 충족시켜주기 위해 최선을 다한다. 하지만 결국 해피엔딩으로 끝나지 않는 경우가 많다.

세 살 무렵의 아이는 온종일 엄마 꽁무니를 쫓아다니며 놀아달라고 떼를 쓴다. 엄마도 사람인지라 피곤하고 쉬고 싶을 때가 있다. 하지만 아이를 거부하면 '좋은 엄마'가 아니라고 생각해 억지로 놀아준다. 놀아는 주지만 마음은 전혀 즐겁지 않다. 자신의 요구는 만족시킬 수 없기 때문에 마음이 어수선하고 공허함마저 든다. 그러다가 작은 일로 트집을 잡는다. "오르간 소리가 너무 크잖아. 지금은 치지 마.""기차 블록 어질러놓은 것 좀 봐. 어서 정리해. 정리 안 하면 내일은 못 놀 줄 알아." 하지만 아이는 엄마의 마음을 전혀 이해하지 못하므로 지금 상황이 당혹스럽고 엄마의 태도에 상처를 받는다. 그래서 결국 즐겁지 않게 끝이 난다.

우리는 평범한 사람이다. 모두 자기의 감정을 가지고 있고 한계도 있다. 우리는 자신의 감정을 직시하고 자신의 한계를 존중할 필요가 있다. 아이와 제때 소통한다면 서로 이해할 수 있고 관계도 더 좋아질 것이다.

큰아이가 목요일 저녁마다 특별활동을 한 적이 있다. 한번은 저녁을 할 시간이 없어 초밥을 사다 맛있게 잘 먹었다. 다음 목요일에 큰아이는 집에 오자마자 "오늘도 초밥 먹을 거죠?"라고 했다. "저런. 아침에 말하지 그랬니. 오늘은 엄마가 일찍 끝나서 벌써 저녁 준비를 다 해놨는데." 아이는 그래도 초밥을 먹고 싶다며 울었다. "지난주 목요일에 초밥을 먹었으니까 목요일은 당연히 초밥을 먹는 날인 줄 알았단 말이에요!" 나는 꾹 참고 "엄마 아빠도 퇴근하고 나면 피곤하단다. 미처 초밥을 사러 갈 생각을 못 했구나. 그럼 지금 정하자. 매주 목요일은 초밥 먹는 날이야. 다음 주 목요일에는 꼭 초밥을 먹자. 어때?" 그제야 아이는 진정하고 내 의견을 받아들였다.

나는 말한 것은 반드시 지켰기 때문에 아이는 나를 믿었다. 이런 상호작용 방식은 하루 아침에 되는 것이 아니다. 많은 부모가 아이에게 진심을 이야기하는 것이 어렵다고 말한다. 하지만 아이들에겐 부모를 사랑하는 마음이 있기 때문에 엄마 아빠가 슈퍼맨이 아니라는 것이 크게 어려운 일은 아니다.

서로 아끼고 감사하는 마음은 서서히 생기는 것이다. 이런 아이는 더 이해가 빠르고 더 행복하다. 한번은 아침을 먹다가 큰아이가 "엄마, 빵을 만들어주셔서 감사합니다"라고 말했다. 평소라면 "별말씀을요"라고 웃으며 대답했겠지만, 그날은 "그렇게 말해줘서 정말 기쁘구나"라고 했다. 내 대답이 평소와 다르자 큰아이가 물었다. "엄마, 왜 기쁘세요?" 나는 "네가 엄마의 노고를 감사하게 생각해주니 기쁘구나. 네가 이렇게 생각하는 게 정말 기뻐. 그게 바로 '사랑'이니까"라고 대답했다. 그러자 두 아이가 달려와 안겼다.

간단한 대화지만 여기에는 한 가지 정보가 들어 있다. 엄마는 평범한 사람이고 엄마 역시 격려와 인정이 필요하다는 사실이다. 많은 경우 사랑의 교육은 이런 일상 속에서 이뤄진다. 감사하는 마음을 표현하는 것은 천천히 습관이 된다. 중국에 돌아오고 나서도 큰아이와 작은아이는 밥을 먹기 전에 할머니를 껴안으며 "이렇게 맛있는 음식을 차려주셔서 감사합니다"라고 말했다. 할머니는 매우 기뻐하셨다. 감사할 줄 알고 어른의 마음을 배려하는 아이가 더 행복하고 주변 사람을 더 행복하게 한다.

부모도 아이에게 자신의 감정을 적절히 알려줄 필요가 있다. 물론 온종일 아이에게 하소연하고 원망을 늘어놓으라는 것이 아니다. 그것은 '자신의 감정과 아이의 필요 가운데서 균형을 잡는 것'이 아니다. 부모의 마음을 이해할 기회를 주고 감사할 줄 아는 마음을 길러줄 필요가 있다. 이 마음은 한 가정에서 점차 세계로 넓게 퍼져나갈 것이다.

인생은 항상 행복과 불행 사이에서 오르락내리락한다. 외부로부터 오는 얕은 기쁨은 종종 잠시 지나가는 것일 뿐이다. 우리는 아이가 스스로 마르지 않는 기쁨을 만들어내기를 바란다. 아이의 행복은 내재적 동력에서 나온다. 새로운 도전을 맞이하고 이겨내면서 생기는 기쁨은 얕은 기쁨에 비할 바가 못 된다. 아이가 어느 날 자신이 우유통을 들수 있게 된 걸 발견하고 스스로 우유를 따르면 '할 수 있다'는 자신감이 솟아난다. 쉽게 장난감을 얻었을 때의 기쁨을 이때의 성취감에 어떻게 비하겠는가. 땀을 흘려 강한 상대를 이겼다면 이때 얻은 자신감과 격려가 시즌 내내 힘이 되어줄 것이다. 하지만 이렇게 큰 기쁨을 얻기 전에 우유통을 엎지르고 풀이 죽었던 적이 있으며, 정답이 생각나지 않아 좌절감을 맛본 적이 있고, 시합에 져서 힘들었던 적이 있기 마련이다. 그럼에도 결국은 행복해졌다. 이것은 모두 부모와 선생님, 코치가 아이들이 즐겁지 않은 순간에 현명하게 대처한 덕이다. 중요한 것은 먼 곳을 내다보고, '즐겁지 않은' 시간을 곧 다가올 즐거운 시간을 위한 준비라고 생각하는 것이다.

제12장

◇◇◇◇◇◇◇◇◇◇◇◇◇◇◇

'말 잘 듣는 아이'는 독립심이 낮을까?

　'말을 잘 듣는' 것은 무조건적인 순종을 의미하지 않는다. 경청하는 능력은 아이의 학습과 사교성에 매우 중요하다. 즉 흔히 얘기하는 '말 잘 듣는 것'과 '개성'은 결코 모순되지 않는다. 더 많은 경우, 두 가지가 서로 결합해 아이가 사회적 규범에 어긋나지 않는 독립적인 사람으로 성장하도록 해준다.

　예전에 부모들은 아이가 말을 잘 듣기를 원했다. 말을 듣지 않는 아이는 좋은 아이가 아니라고 생각했다. 지금도 연세 많으신 분들은 여전히 그렇게 생각한다. 하지만 '자유'와 '즐거움'을 강조하는 사회적 영향으로 요즘엔 말을 잘 들으라고 하는 것이 마치 개성을 없애는 것인 양 여겨지기도 한다. 그래서 아이가 성장하는 과정에서 생기는, 주관이 없다거나 독립성이 부족한 문제를 말 잘 듣는 아이로 키운 데서 찾기도 한다.

　'말을 잘 듣는 것'이 나쁜 것이라면 좋은 것은 무엇일까? 흑백논리대로

라면 그 반대인 '말을 안 듣는' 것이 좋은 것이 된다. 그래서 많은 사람이 중심을 잃고 또 다른 극단으로 가게 된다. 아이를 방임하고, 아이가 말을 듣지 않고 예의 없이 굴며 규칙을 지키지 않는 것이 개성이라고 생각하면서 아이의 '천성'을 지켜야 한다고 말한다. 하지만 결국 이것은 아이의 건강한 성장에 부정적인 영향을 미치게 된다.

'말을 잘 듣는'의 반대말은 '말을 안 듣는'이 아니라 '독립적으로 사고하는'이다. 남의 말을 무턱대고 따르는 것이 아니라 주관과 개성을 가진 아이로 키우기 위해서는 독립적으로 사고하는 습관을 길러줘야 한다.

독립적 사고를 하려면 경청이 필요하다. 경청이 '귀 기울여 듣는다'는 뜻이므로 문자 그대로는 '말 잘 듣는다'와 혼동될 수 있지만, 이는 순종과 전혀 다르다. 이번 장에서는 남의 말을 잘 따른다는 의미의 '말 잘 듣는'이 아니라, 남을 이해하고 그 바탕 위에서 독립적으로 사고하기 위한 경청의 능력을 다루고자 한다.

남의 말에 귀 기울이는 것이 왜 중요할까?

경청은 매우 중요한 스킬이다. 학습과도 관계가 있으며 인간관계에서도 중요하다.

출생 이후 아이의 청각은 빠르게 발달한다. 아이는 단지 소리만을 듣는 것이 아니라 규율과 박자를 구분한다. 생후 4~7개월이 되면 불규칙한 쉼표가 있는 음악보다 규칙적인 쉼표가 있는 모차르트의 음악을 더 좋아한다. 돌 무렵이 되면 한 곡을 서로 다른 조로 연주하더라도 같은 곡임을 알아챈다.

언어에 대한 영아의 청각 발달은 매우 중요한 의미가 있다. 신생아는 비언어 소리가 아닌, '언어' 소리를 듣기 좋아한다. 특히 모국어의 소리를 좋아한다. 출생 직후부터 줄곧 다른 사람들의 말을 들어온 아이는 생후 6~8개월이 되면 모국어가 아닌 소리를 골라낼 수 있다. 모국어에 굉장히 민감하게 반응하는 것이다. 영아의 이러한 능력은 자신이 속한 문화 환경에서의 언어 학습과 사교성을 촉진한다.

경청 능력은 학습 능력과 긴밀한 관계에 있다

부모가 말의 속도를 천천히 하고 아이와 눈을 맞추면 아이는 부모의 말을 더 잘 듣고 이해할 수 있다. 아이와 이야기를 나누면 아이의 경청 능력과 주의력, 대뇌의 조절 능력과 기억력을 길러줄 수 있다.

아이에게 어떤 물건을 설명할 때 우리는 그 물건을 가리키면서 이름을 말한다. 아이는 우리의 발음을 들으면서 손가락이 가리키는 방향을 따라 주의력을 물건으로 옮긴다. 그런 다음 소리와 물건을 연결한다. 이렇게 대뇌로 입력된 청각과 시각 정보는 작업 기억에서 가공과 통합을 거쳐 장기 기억으로 이동된다. 부모는 인내심을 가지고 아이가 하는 말을 경청하고 적절히 반응해야 한다.

이런 아이가 어린이집에 가면 선생님의 말씀을 주의 깊게 들을 수 있고, 들은 정보를 효과적으로 이용하고 가공할 수 있다. 선생님이 "친구들, 지금 들고 있는 가위를 내려놓고 줄을 서서 손을 씻으러 가세요"라고 하면 어떤 아이는 선생님의 말을 듣는 동시에 이해해서 실행한다. 하지만 어떤 아이는 '들었지만 알아채지 못한다'. 즉 들었어도 이해를 못 하는 것이다. 부모가 아이가 하는 말에 주의를 기울이지 않았거나 적절히 반응하지 않았다면, 혹은 아이에 대해 어떤 요구도 하지 않아 부모의 지시를 따르도록 해본 적이 없다면 아이는 다른 사람의 말을 듣지 않는 것이 습관이 돼 마이동풍으로 흘려버린다.

경청에는 연습이 필요하다. 어렸을 때부터 연습하지 않으면 작업 기억에서 청각 정보를 가공할 수 없다. 그러면 중요한 학습의 경로 하나를 잃어버리게 된다.

경청은 아이의 사교성 발달에도 도움이 된다

경청은 타인의 의도, 정서를 이해하는 중요한 수단이다. 사회 환경에서 다른 사람의 의도를 이해하는 것은 매우 중요하다. 선의로 하는 말인지 악의로 하는 말인지 파악할 수 있어야 하며, 서로 다른 말은 의도도 다르다는 걸 알아챌 수 있어야 한다. 아이 역시 서로 다른 방식과 전략을 통해 소통한다. 이 모든 것이 아이의 사교성을 길러준다.

경청하는 아이는 청각을 통해 정보를 얻고 이는 정보를 얻는 중요한 수

단이 된다. 그리고 자신의 대뇌에서 정보를 가공해 판단하고 반응한다. 경청할 줄 모르는 아이는 청각을 통해 정보를 얻지 못하는 셈인데, 초등학교에 입학한 이후 교실에서 청각은 매우 중요한 정보의 통로가 된다. 또 어떤 아이는 대뇌의 정보 가공을 게을리한다. 이런 아이들은 부모에게 순종하거나, 아니면 아예 말을 듣지 않는다. 두 가지 다 아이의 건강한 발달에 전혀 도움이 되지 않는다.

경청 능력을
길러주는 방법

경청하는 부모의 자녀가 경청할 줄 아는 사람이 된다

아동의 경청 능력을 기르기 위해서는 우선 부모가 아이의 행동과 감정에 민감하게 반응하고, 즉각적으로 적절히 반응해야 한다.

두 아들이 만 4~5세 됐을 무렵이다. 하루는 작은아이가 다가와 아빠가 형에게는 화이트초콜릿을 사주고 자기에게는 그냥 초콜릿을 사주었다고 했다. 자기도 화이트초콜릿이 먹고 싶었는데 말이다. 남편에게 어찌 된 영문인지 묻자 주유소에서 기름을 넣고 편의점에서 무심결에 초콜릿을 2개 샀는데, 살 때는 2개가 다른 것이었는지 전혀 몰랐다고 했다. 그러면서 "아. 그래서 그렇게 툴툴거렸구나. 서둘러 밥을 먹으러 가야 해서 제대로 듣지 못했네"라고 했다. 나는 아이들이 들을 수 있도록 큰 소리로 남편에게 말했다. "아이들이 이야기할 때는 진지하게 경청해야 해요. 무엇을 바라는지 잘 들어야 한다고요!" 그러고 나서 아이들에게 말했다. "너희도 무엇인가 요구가 있을 때는 큰 소리로 정확히 얘기해주렴. 다른 사람들이 잘 알아들을 수 있게. 알았지?" 아이들은 고개를 끄덕거렸다.

부모는 반드시 아이의 목소리에 귀를 기울여야 한다. 말과 행동으로 가르치면서 존중해줘야 아이도 부모를 존중하고 부모 말에 귀를 기울인다.

간단명료하고 흥미로운 지시가 경청 능력을 길러준다

살면서 누구나 이런저런 요구를 하게 된다. 예를 들어 주차장에서는 사고 위험이 있으므로 함부로 뛰거나 장난치지 말라고 주의를 준다. 이때 부모는 아이의 눈을 바라보며 정확하게 말해야 한다. 눈빛을 통한 소통은 아이의 집중력을 향상시켜주고 경청과 이해를 돕는다.

일부 가정에서는 아직 어리다며 아이에게 어떤 요구도 하지 않고 아이가 부모의 지시를 '들은 체 만 체' 하는 것을 그러려니 하며 넘어간다. 하지만 이것은 아이의 경청 능력과 자기 통제력을 키우는 데 도움이 되지 않는다.

한 엄마가 어린이집의 큰 행사가 있던 날 봉사활동을 하러 갔다. 행사가 진행되는 와중에 몇몇 아이가 소리를 지르고 흥분해서 뛰어다니는 것을 보게 됐다. 이 엄마는 그 아이들에게 다가가 제자리에 서라고 이야기했지만 말을 듣는 것은 그때뿐이고 곧 다시 뛰어다녔다. 아주 간단한 과제가 이 아이들에게는 너무나 어려운 일인 모양이었다. 이 엄마는 부모나 선생님의 지시를 따르는 것이 주관을 가지는 것만큼 중요하다는 것을 절실히 느꼈다고 했다.

부모는 아이들이 해낼 수 있는 과제를 주고 그 능력을 훈련할 수 있도록 해야 한다. "엄마가 열쇠를 가지고 올 때까지 잠시만 문 앞에서 기다리렴. 열쇠를 가지고 오면 곧바로 나가서 놀자." "이리 오렴. 엄마랑 함께 블록을 정리하자. 블록을 이 바구니에 담아주겠니?" 간단명료하면서 쉽게 할 수 있는 과제부터 시작하면 아이들이 집에서 잘 해낸 것처럼 학교생활도 문제없이 해나갈 수 있다. 놀이의 형식으로 지시를 더 흥미롭게 할 수도 있다. 방금 소개한, 유치원에서 봉사하던 엄마가 아이들에게 "친구들! 모두 함께 기차를 탑시다!"라고 했다면 "우리 줄을 서서 가자"라고 하는 것보다 아이들의 흥미를 더 끌고 주의를 집중시킬 수 있었을 것이다.

규칙을 만들면 효과적이다

부모는 자녀가 4~5세, 심지어 초등학교 저학년 때까지 부모의 많은 도움과 지지를 필요로 한다는 사실을 알아야 한다. 아이들에게 너무 높은 요구를 하거나 한 번 말하면 알아듣고 곧바로 실행할 것으로 기대하는 것은 무리다.

나는 아이의 교실에서 봉사활동을 자주 하는데, 선생님으로부터 많은 깨달음을 얻곤 한다. 유치원 선생님은 간단한 노하우로 아이들을 돕는 데 능숙하다. 박자감 있는 박수 소리로 아이들을 조용히 하게 한 후 선생님 이야기에 귀를 기울이게 할 수 있다. 어떤 선생님은 음률에 맞춰 선생님이 첫 소절을 말하면 아이들이 뒤 소절을 말하게 하면서 아이 스스로 일깨우도록 한다. 어떤 선생님은 모두 조용히 집중해야 할 때 방울을 세 번 흔들기도 했다. 이러한 규칙은 학기 초 선생님과 아이들이 함께 정한다. 이 신호는 아이들이 즉시 집중하게 하고 주의를 모으는 데 효과적이다. 아이들은 지금 즉시 해야 할 일과 받아들여야 할 정보에 집중할 수 있게 된다. 이런 노하우는 집에서 따라 해봐도 좋을 것 같다.

'말을 잘 듣는 것'과 '독립심'은 모순되지 않는다

아이가 부모나 선생님의 말을 잘 들으면 주관이 없어지고 독립적으로 생각하지 못하며 개성을 잃는다고 걱정하는 부모가 있다. '말을 잘 듣는 것'과 '독립심'이 과연 서로 모순되고 공존할 수 없는 것일까?

경청과 독립적 사고는 언제든지 서로 결합할 수 있다. 지휘를 따르는 것은 맹목적으로 순종하는 것과 같지 않으며, 스스로 생각하고 판단하는 것과도 결코 모순되지 않는다. 예를 들어 안전 교육은 경험이 풍부한 전문가가 실시한다. 전문가들은 예상치 못한 사고의 모든 부분을 고려해 상황에 맞는 최적의 생존 방안을 도출할 수 있다. 위기에서 탈출할 때 전문가의 지휘가 있다면 그것을 따르는 것이 가장 좋은 방법이다.

디즈니 크루즈에 탑승할 때 배가 출발하기 전 모든 승객은 모의 훈련에 참가해야 한다. 유람선은 총 13층으로 앞, 중간, 뒤 세 구역으로 나뉜다. 각 구역의 승객은 모두 가장 가까운 계단을 이용해 내려가 지정된 갑판에 모여야 한다. 그리고 지휘에 따라 구명선으로 옮겨 타야 한다. 만약 지휘에 따르지 않고 멋대로 뛰어다니거나 허둥대다가는 가장 가까운 계단을 찾지 못해 귀중한 시간을 낭비하게 된다.

하지만 스스로 생각하고 판단할 필요가 전혀 없을까? 가령 선박에서 연기가 피어오른다면 선장은 승객 모두를 갑판으로 모이게 할 것이다. 이때, 우리는 탑승 전 안전 교육을 받고 피난 방법을 익혔기 때문에 맹목적으로 뛰쳐나가서는 안 된다는 것을 판단할 수 있다. 연기가 나는지 확인하고 입과 코를 막아야 하는지 판단하고, 입구의 온도를 알아보고 나서 바닥에 엎드려 기어간다. 지휘관의 지시를 따르면서 안전 관련 지식과 여러 피난 가능성을 접목해 스스로 판단하면 목숨을 구할 가능성이 커진다.

그러므로 이상적인 상태는 아이가 경청하면서 동시에 독립적으로 생각할 수 있도록 하는 것이다.

경청은 일종의 에티켓이자 행동 규범이다. 아이가 선생님과 타인을 존중하도록 이끌어야 한다. 여기서의 존중은 실행을 위주로 한다. 선생님이나 타인과 이야기할 때 예의 바르게 경청해야 한다. 설령 다른 의견이 있더라도 지금 이야기하고 있는 사람의 말이 다 끝날 때까지 기다려야 한다.

미국 중고등학생 사이에서 변론 서클이 유행이다. 이러한 방식은 아이의 경청 능력을 단련시켜줄 뿐만 아니라 다른 사람의 의견에 대비하여 근거를 들어 자신의 의견을 주장하는 능력과 구두로 표현하는 능력을 모두 단련할 수 있다.

독립심을 어떻게 키워줄 것인가?

본 장에서는 경청의 중요성을 다뤘다. 부모는 단순히 '말을 잘 듣는 것'과 '잘 듣지 않는 것'으로 아이가 독립심이 있는지, 개성이 있는지를 따져서는 안 된다. 말을 잘 듣는 것과 개성은 서로 대립하는 것이 아니고 상부상조하는 것임을 이해해야 한다. 경청 능력을 키우는 궁극적인 목표는 문제에 직면했을 때 독립적으로 생각하고 삶을 독립적으로 일구도록 하는 데 있다.

아이의 독립심은 어떻게 키워야 할까? 참고할 만한 방법을 모아보았다.

아이의 생각과 선택을 존중하는 것은 독립적 사고를 키우는 데 기초가 된다

어린아이일수록 주변 사람으로부터 많은 영향을 받는다. 아이의 독립적 사고는 어떻게 키울 수 있을까? 가장 기본적으로 해야 하는 일은 아이의 생각과 선택을 존중하는 것이다. 아이를 독립적 개체로 대해야 하며 아이에게도 자기 생각과 기호, 개성이 있다는 사실을 인정해야 한다.

미국의 유아 교육 중에서 내가 좋아하는 것 중 하나가 모두가 진심으로 아이의 생각과 선택을 존중한다는 점이다. 우리는 매년 학교의 도서관에 기부하는 행사를 한다. 기부

받은 돈으로 도서관에서 새 책을 구입한 뒤 아이들에게 한 권씩 고르게 해 책에 이름을 써준다. 아이들은 책을 들고 인증샷을 찍은 후에 그 사진을 도서관 벽에 붙인다. 나는 이 일이 매우 간단하다고 생각했다.

둘째 아이의 이름으로 기부한 해에 하루는 선생님한테 편지를 한 통 받았다. 아이에게 도서관에서 책을 고르도록 했는데, 아이가 갑자기 울었다는 것이다. 알고 보니 아이가 우주에 관한 책을 좋아하는데 우주 관련 책이 없어서 무엇을 골라야 할지 모르겠다고 한 것이다. 도서관 관장님은 친절하게도 나에게 전화를 걸어 "10월에 새 도서를 구입하니까 그때 우주 관련 책을 포함할게요. 그때 다시 고르도록 하죠"라고 하셨다. 나는 "그때 우주 관련 책이 있으면 다시 기부할게요. 지금은 아이와 함께 가서 이번에 들어온 책들 중에서 골라볼게요"라고 대답했다.

나는 아이를 데리고 도서관에 갔다. 우리 집에도 낱권이 몇 권 있는 전집이 눈에 들어왔다. 아이는 자기가 잘 아는 인물을 보고는 웃으며 "엄마, 이건 핼러윈데이 이야기죠? 곧 핼러윈이에요" 했다. "그래. 핼러윈데이에 무슨 일이 일어났는지 정말 궁금하네. 이 책 고르고 싶니?" 하고 묻자 아이는 만족스러워하며 책을 집어 들었다.

아이가 마침내 자기가 좋아하는 책을 고르자 선생님도 기뻐하셨다. "아주 좋은 책을 골랐구나. 이건 정말 재미있는 이야기야. 책에 이름을 써줄게. 잠깐만 기다리렴. 뭐라고 써줄까? (우리는 줄곧 애칭으로 불러왔다.) 그리고 방송에도 내보낼 거야. 어떤 것으로 할까?" 아이는 일일이 대답했다. 선생님이 책에 이름을 써주자 아이가 책을 들고 사진을 찍었다. 그리고 첫 번째 독자가 되기 위해 그 책을 빌려 집으로 돌아왔다.

아주 사소한 일이었지만 선생님이 아동의 생각과 선택을 얼마나 존중하는지를 느낄 수 있었다. 어떤 책을 고르고, 이름을 어떻게 쓰는지 등 모든 아이가 자신이 원하는 선택을 하도록 하는 것이다. 별것 아니라고 생각했는데, 알고 보니 많은 일을 거쳐야 했다. 분명 우리 아이처럼 결정을 잘 하지 못하는 아이가 또 있었을 것이다. 하지만 선생님은 아이가 좋아하는 책을 선택하고 아이가 원하는 이름을 쓰는 것을 당연하게 생각했다. 아주 작은 것에서부터 아이를 존중하는 것을 느낄 수 있었다. 아동의 생각과 선택을 중요시하는 미국의 문화 속에서 아동은 자연스럽게 자신의 의견과 생각을 발표하는 능력을 키워간다.

미국에서는 초등학교 입학 1년 전 아이들이 정확한 단어를 쓰지 못할 때부터 작문을 하고 자기 생각을 표현하는 수업을 한다. 글씨를 틀려도 상관없다. 중요한 것은 자기 생각을 전달하는 것이다. 수업시간에 해적에 관한 책을 읽었다면 선생님은 '해적이 될 것인가 되지 않을 것인가?'를 주제로 작문을 하도록 한다. 아이들은 제각기 의견을 가지고 있다. 어떤 아이는 보물을 찾을 수 있으므로 해적이 되겠다고 하고, 어떤 아이는 배가 침몰할지도 모르니 해적이 되고 싶지 않다고 한다. 모두가 자기 생각을 발표할 뿐 정답은 없다. 우리 집 둘째는 "나는 해적이 되고 싶지 않다. 왜냐하면 해적은 공부를 안 하는데, 나는 수학을 좋아하기 때문이다. 그리고 해적이 되면 엄마가 무척 보고 싶을 것 같다"라고 말했다. 이런 교실 속 작문은 아이의 개성과 흥미를 가진 분야, 진짜 생각을 드러내주기도 한다.

1학년 때 아이들은 서술문, 논설문, 설명문 등 여러 가지 글쓰기를 배운다. 거창해 보이지만 사실은 간단히 문장 몇 줄 적는 정도다. 예를 들어 논설문이라고 하면 먼저 자신의 관점을 쓰고, 예와 근거를 쓰고, 마지막으로 다시 한 번 자신의 관점을 강조하는 것이다. 글쓰기 과제를 하기도 하는데, 자기가 생각하기에 가장 유용하다고 판단한 자료를 스스로 찾아 사용한다. 이런 훈련을 통해 아이들은 '모두 자기 생각이 있어. 누구도 다른 사람의 생각을 비웃지 않아'라는 교육 분위기를 느끼게 된다. 물론 아이들은 자신의 관점을 지지해줄 증거를 찾으면서 어떤 것이 개인의 생각이고 어떤 것이 사실인지 구분하게 된다.

아이들은 만 5세부터 수업시간에 연습한 것을 집으로 가져와 '사실'과 '생각'을 구분하는 연습을 한다. '빨간색 크레용은 글씨를 쓸 수도 있고 그림을 그릴 수도 있어.' 이것은 '사실'이다. '나는 빨간색 크레용으로 글씨를 쓰거나 그림을 그리는 것을 좋아해.' 이것은 '개인의 생각'이다. 이런 것이 습관이 되다 보니, 평소 아이와 어떤 이야기를 나누다 "엄마, 그것은 엄마의 개인적인 생각이에요. 제 생각은 엄마와 달라요"라는 말을 듣기도 한다. 아이에게도 자신의 판단과 생각이 생기는 것이다.

어떤 부모는 "아이의 생각을 존중하는 것이 무슨 생각을 하든 어떤 일을 하든 간섭하지 않는 것인가요?"라고 물어오기도 했다. 우리는 아이의 생각과 선택을 존중하지만 그것은 반드시 사회를 위협하지 않고 자신과 타인을 해치지 않아야 한다. 이것은 기본적인 전제다. 아이는 해적이 되겠다거나 되지 않겠다고 말할 수 있는데, 누군가 '해적이 되고 싶어 하는 아이는 나쁜 아이'라고 말한다면 그 친구를 고립시킬 수 있다. 이런 행동은 있어서는 안 된다.

Tip 2

독립심은 단순히 혼자 생활하게 하는 것이 아니다

아이가 길 수 있게 되면 자신과 엄마가 자신과 다른 개체라는 사실을 발견하고, 자신에게 일정한 생활 범위가 있다는 사실을 알게 된다. 그러면서 자주적 의식이 생겨난다. 한 사람의 발달은 이렇게 점차 독립해가는 과정이다. 하지만 영유아는 여러 방면에서 아직 부모에게 의존해야 하고, 부모는 아이를 보호할 책임이 있다는 것도 인정할 수밖에 없다. 그렇다면 아이들이 부모에게 의존하면서 어떻게 독립심을 키울 수 있을까?

〈창사완보長沙晚報〉에 이런 사건이 보도된 적이 있다. 창사 시의 초등학생 4명이 부모를 떠나 독립적으로 살기로 했다. 한 아이의 부모가 마침 집을 비워 아이들이 이 집에 모여 300위안으로 5일을 살았다. 돈이 조금 남기까지 했다. 표면적으로는 재미있게 산 것처럼 보였다. 하지만 의외의 사건이 일어났다. 실수로 가스가 누출돼 아이들이 놀라 우왕좌왕한 것이다. 다행히 촬영하던 부모가 신속히 처리해 참사는 일어나지 않았다. 이처럼 초등학생이 부모를 떠나 혼자 살면 독립심이 길러질까?

아이의 성장은 점차 독립하는 과정이다. 부모가 아이의 독립심을 길러주는 것은 나쁠 게 없다. 하지만 보도대로 네 명의 초등학생이 부모를 떠나 혼자 사는 방식이 널리 추천할 만할까? 이런 방법을 따라 해서는 곤란하다. 아이들은 부모의 방에서 부모의 돈을 사용했고, 한 아이의 부모가 온종일 촬영했다. 다행히 그 어른이 옆에 있어서 가스 누출 사고와 같은 참사도 피할 수 있었다. 아이의 독립심을 기르는 것은 필요하지만 반드시 아이의 발달 규칙을 존중해야 하며, 안전사고에 주의하고 아이의 능력에 부합한다는 전제하에 진행돼야 한다.

초등학생은 부모를 떠나 독립적으로 생활할 수 있을 만큼 성숙하지 않기 때문에 부모의 보호와 감시가 필요하다. 미국의 부모는 아이의 독립적인 생활 능력을 중시한다고 알려져 있다. 아이가 스스로 성금을 걷고 물건을 사는 것을 보고, 이것이 아이의 독립심을 키워주는 거라고 생각해 따라 하려는 부모들도 있다. 하지만 절대 맹목적으로 따라 해서는 안 된다. 미국의 부모는 아이의 안전을 매우 중요하게 생각한다. 매년 대부분 학교에서 모금활동을 하는데, 초등학생이 물건을 가지고 가거나 집집마다 가서 모금을 한다. 이런 활동은 아이의 독립심과 사교성을 길러줄 수 있고, 학교로서도 기부금을 모으는 기회가 된다. 하지만 이것 역시 아이의 안전이 반드시 전제돼야 한다.

우리 아이가 다니는 초등학교에서는 매년 모금활동 전에 아이의 안전에 주의해야 하고, 아이가 혼자서 모금활동을 해서는 안 되고 부모가 동반해야 한다는 안내문이 나온다. 부모는 아이를 절대 혼자서 보내지 않고 빈드시 함께 다닌다. 아이는 스스로 문을 두드리고 부모는 혹시라도 있을지 모르는 위험한 상황에 대비해 멀리서 지켜본다. 일단 누군가의 집 앞에서 문을 두드리고 나면 부모는 어떤 것도 대신 해주지 않는다. 아이는 스스로 자기소개를 하고 모금의 목적을 설명하며 모금에 동참하고자 하는 사람의 정보를 기록한다.

아이에겐 아직 부모와 사회의 보호가 필요하다는 사실을 잊어서는 안 된다. 어른의 감호가 전혀 없는 상황에서 혼자 살게 하는 것은 아동의 안전을 생각하지 않는, 무책임한 일이다. 아이의 독립적인 생활 능력을 길러준다는 것이 형식에 그쳐서는 안 된다. 일부 부모는 아이의 독립심을 길러준다는 생각이 표면적인 것에 그쳐, 아이의 책가방을 들어주는 것조차 마땅치 않다고 생각한다. 하지만 때로 아이의 책가방이 무거워 보여 들어준다고 해서 아이의 독립심을 해치는 것은 아니다.

아이의 독립심을 기르기 위해서는 아이가 독립적인 존재라는 사실을 인정하고 아이의 생각과 판단을 존중해야 한다. 그러면 아이는 인격적·사고적으로 독립적이며 장차 자신의 삶에 책임을 지는 독립심 강한 성인으로 자라게 될 것이다.

독립적인 생활 능력을 기르기 위해서 아이가 부모를 떠나 생활해야 할 필요는 없다. 평소와 같은 생활 가운데서도 독립심을 길러줄 기회는 얼마든지 있다. 열 살이 안 된 아이가 스스로 가스 불을 켜서 밥을 해야 독립심이 생기는 것은 아니다. 식사 전 부모님을 도와 수저와 반찬을 놓거나 식사 후에 빈 그릇을 설거지통에 가져다 놓고 자기 방을 청소하거나 책가방을 챙기는 것 등으로 충분하다.

부모가 아이에게 어떤 일을 스스로 하게 한다면 반드시 사전에 아이의 판단력, 성숙한 정도, 예상치 못한 일을 처리하는 능력 등을 고려해야 한다. 독립적인 생활을 했다고 큰 소리치던 그 아이들은 잊을 수 없는 5일을 보낸 후 집으로 돌아갔다. 부디 예전처럼 손에 물 한 방울 묻히지 않고 떠주는 밥을 받아먹기만 하는 것이 아니라, 가정에서 부모님의 일손을 돕고 자신의 책가방을 직접 챙기고 시간을 관리할 줄 아는 아이로 바뀌었길 바란다.

제**13**장

～～～～～～～～～～～

학습이
상상력과
창조력을
파괴할까?

　세상의 규칙을 인식하고 체험하는 것, 즉 학습은 상상력, 창의력과 함께 발달하는 것이지 서로 대립하거나 모순되는 것이 아니다. 상상력, 창의력은 허공에 쌓을 수 있는 것이 아니라서 기초와 근거가 필요하다. 세상에 대한 지속적인 학습과 이해, 호기심, 흥미는 상상력과 창의력을 샘솟게 하는 영양분이다.

　상상력과 창의력은 매우 신비로운 능력이다. 자녀가 지식과 기술을 학습하는 것이 상상력과 창의력을 파괴할까 봐 걱정하는 부모가 많다. 천편일률적인 입시 위주의 교육을 받은 부모는 자신에게 부족한 점을 상상력과 창의력으로 꼽고, 자녀가 부모의 전철을 밟지 않기를 바라는 마음으로 상상력과 창의력을 매우 중시한다. 나 역시 그 마음을 충분히 이해한다.
　아이의 상상력과 창의력을 파괴하지 않으려면 일단 부모가 그것이 무엇인지 알아야 한다.

정의대로라면 상상력은 대뇌에서 이전에 본 적 없고 경험해보지 못한 완전히 새로운 그림 또는 감각을 형성하는 것을 뜻한다. 이것은 과거의 경험과 학습 과정을 종합하는 기초가 된다. 창의력은 새로운 방식의 사고와 새로운 방법으로 문제를 해결한다. 상상력과 창의력은 모두 우리가 이전에 겪은 경험과 관련된다. 하지만 이러한 경험과 정보가 대뇌를 통해 다시 통합되고 소화되며 새로운 사물과 관계를 맺는다. 이 새로운 사물은 우리가 본 적도 경험해본 적도 없는 것이다.

나는 대뇌 발달 심리학자인 질 스탬이 "창의력은 더 많은 정보의 입력에 있지 않다. 뇌 속에 이미 있는 정보를 응용하는 과정에서 독창적인 방식, 즉 연기나 그림이나 써내거나 만들어내는 것으로 그것을 표현해내는데서 나온다"라고 한 말을 좋아한다. 스탬 박사의 영향을 받은 나는 상상력과 창의력을 이렇게 이해한다. '이미 입력된 대뇌의 정보를 응용해 남과 다른 정보를 통합해 만들어내는 것'이다. 다시 말해 다음과 같은 3개의 과정을 통해 이해할 수 있다.

- ★ 정보의 입력 정보 입력의 내용과 방식이 포함된다. 대뇌에 입력된 것이 어떤 정보인지, 이 정보가 대뇌로 어떻게 입력되는지 등이 포함된다.
- ★ 정보의 이해 정보를 받아들이는 주체로서 정보를 자신의 방식으로 소화·흡수한 뒤, 통합하고 응용한다.
- ★ 정보의 출력 자신이 가지고 있고 이해하고 있는 정보를 자신만의 독특한 방식으로 표현한다.

지식은 상상력과
창의력의 기초다

지식을 익히는 것이 아이의 상상력과 창의력을 파괴한다고 생각하는 부모도 있다. 성인의 관점에서 지식이란, 융통성이 없는 틀에 박힌 것이기 때문이다. 그래서 아이가 아는 것이 없을수록 상상력이 풍부하다고 생각한다. 이러한 생각의 논리는 이것이다. '아이는 어른보다 지식이 적고 상상력이 풍부하다. 그러므로 지식이 적을수록 상상력이 풍부하다.' 이러한 논리는 정보 입력의 과정을 알지 못한 것일 뿐만 아니라 아이가 정보를 흡수하는 주체라는 점을 무시한 것이다.

독특한 방식으로 지식을 흡수하고 이해하는 것이 상상력이 풍부한 것 아닐까? 그래야 독특한 방식으로 지식을 표현할 수 있기 때문이다. 아무것도 모른다면 어떤 결과가 나올 수 있겠는가. 아무리 재주가 뛰어난 요리사라도 재료가 없으면 아무것도 만들 수 없는 것과 같은 이치다.

사실 학령기 이전 아동, 심지어 학령기의 아동도 사고방식이 성인과 매우 다르다. 때로 아이는 어른이 전혀 생각하지 못한 방식으로 사물을 바라보면서 상상력을 발휘한다. 하지만 이것은 시작에 불과하다. 상상력이 더욱 발달하게 해주는 자양분 정도라고 할 수 있다.

많은 사람이 상상력은 구속됨이 없으며 독특한 것이라고 생각한다. 하지만 상상력은 공중누각이 아니라 지식과 떼려야 뗄 수 없는 관계에 있다. 앨리슨 고프닉Alison Gopnik은 최근 인지과학의 아동 상상력에 대한 연구에서 이렇게 결론지었다. 아이는 세상을 탐색하고 세상과 사물의 규칙을 점차 장악해간다(이것이 지식이다. 글자 몇 개, 숫자 몇 개를 아는 것이 지식이 아니다). 이러한 규칙을 인식하는 기초 위에서 아이들은 여러 가능성을 발견한다. 다른 세계는 어떤 모습일지 상상한다. 눈앞에 존재하지 않는 가능성을 상상하고 눈앞에 없는 방법으로 문제를 해결한다. 만약 기초가 없다면 아이 머릿속에서 상상력과 창의력은 만들어질 수 없다.

이전에 우리는 지식과 상상, 과학과 환상이 대립하는 개념이라고 알고 있었지만, 고프닉은 최근의 새로운 이론에서 이 모든 것이 아이로 하여금 세상을 인식하게 하며 상상을 통해 세상을 바꾸게 한다고 주장했다. 아이가 알고 있는 지식은 부모가 생각하는 것보다 훨씬 많다.

고프닉은 아이가 장난감을 손에 넣는 방법을 발견할 수 있는가에 대해 연구했다. 만약 그렇다면 이것은 아이가 어느 정도의 문제 해결 능력을 갖췄음을 의미하며 상상력과 창의력을 지니고 있다는 것을 나타낸다. 실험자는 아주 재미있는 장난감을 아이 손이 닿지 않는 곳에 두었다. 그리고 옆에는 장난감 갈고리를 두었다. 15개월 된 아이는 손을 뻗어 장난감을 잡으려고 했다. 장난감을 갖고 싶었지만 이 갈고리를 도구로 사용할 수 있다는 생각은 하지 못했다. 18개월이 된 아이는 우선 장난감을 보고(경험에 의해 아이는 자신이 닿을 수 있는 상황을 상상할 수 있다. 저 장난감은 너무 멀어서 닿지 않는다) 갈고리를 본다. 그리고 생각하기 시작한다(여러 가능성을 상상한다). 그러고 나서 아이는 갈고리를 사용해 장난감을 손에 넣는다(아이는 아마 많은 가능성을 상상했을 것이다. 그리고 효과가 없을 것 같은 방법은 배제하고 가능성이 있는 방법을 사용했다). 그러고는 승리의 미소를 지어 보였다.

15개월 된 아이는 장난감을 손에 넣거나 넣지 못해 포기할 때까지 시도-실패-시도-실패를 반복한다. 하지만 18개월 된 아이는 소용없는 방법은 시도하지 않는다. 즉, 상상을 통해 일부 가능성은 배제함으로써 더 효과적으로 문제를 해결한다.

세상의 규칙을 인식하고 체험하는 것, 즉 학습은 상상력, 창의력과 함께 발달하는 것이지 대립하거나 서로 해를 끼치는 것이 아니라는 점을 알 수 있다. 상상력, 창의력은 허공에 생겨나는 것이 아니다. 기초와 근거가 필요하다. 세계에 대한 지속적인 학습과 이해, 호기심과 흥미는 상상력과 창의력으로 끊임없이 전달되는 영양분이다.

걱정하지도, 조급해하지도 마라

영유아에 대한 부모의 걱정은 영유아의 발달 특징을 이해하지 못한 데서 기인한다. 어른의 입장에서 아이를 바라보기 때문이다. 영유아의 독특한 주의력은 학습을 하는 가운데 중요한 역할을 하기도 한다.

영유아의 주의력과 성인의 주의력은 비슷한 부분이 있다. 어른과 아이라는 차이가 있긴 하지만, 신기한 사물에는 어른이나 아이 모두 주의력이 집중되고 사물이 더는 새롭지 않으면 집중력이 분산된다. 영아에게 익숙한 장난감과 한 번도 본 적 없는 장난감을 보여주자, 새로운 장난감을 주시하는 시간이 익숙한 장난감을 주시하는 시간보다 훨씬 길었다. 그 새로운 장난감 역시 익숙해지고 나면 주시하는 시간이 대폭 줄어든다. 다시 새로운 장난감을 보여주면 그것에 눈길을 빼앗긴다.

그런데 아동심리학에서는 영유아의 주의력이 성인과 큰 차이점이 있다는 사실을 발견했다. 성인의 주의력은 외부의 자극에 끌리거나(공작이 깃털을 펼치니 아름답다) 내재적 동기에 의해(내일 시험이니 오늘 밤 반드시 복습을 해야겠다) 결정된다. 하지만 영유아의 주의력은 대부분 외부의 자극에 의해 결정된다. 내재적 동기에 의한 주의력은 학령기 이전에는 매우 천천히 발달한다. 생활 속에서 재미있는 장난감으로 영아의 주의력을 끄는 것은 아주 쉬운 일이지만, 아이가 클수록 이런 방법은 효과를 잃는다. 자신이 흥미를 느끼거나 내재적 동기에 의해 주의력을 장악하는 능력이 점점 강해지기 때문이다. 하지만 주의력을 장악하는 능력이 여전히 성인에는 미치지 못한다.

고프닉 박사는 아동의 주의력과 기억력을 테스트하는 실험을 했다. 아동에게 두 그룹의 카드를 보여주고 왼쪽에 있는 카드의 내용을 기억하도록 했다. 마지막으로 카드의 내용이 무엇인지 물었다. 나이가 많은 아동은 자신의 주의력을 장악하는 능력이 강해서 조건대로 왼쪽의 카드에 집중했다. 왼쪽 카드의 내용을 더 잘 기억했고, 오른쪽 카드는 불필요하다고 판단했으므로 무시했다. 나이가 어린 아동은 나이가 많은 아동보다 오른쪽 카드 내용을 더 잘 기억했다. 이는 좌우 양쪽에 모두 주의했다는 뜻이다.

고프닉 박사는 또 하나의 흥미로운 발견을 했다. 성인의 주의력은 마치 스포트라이트처럼 자신이 유용하거나 중요하다고 생각하는 물건에만 집중됐으며 다른 것은 모두 배제됐다. 하지만 영유아의 주의력은 마치 산광등(빛이 골고루 퍼지는 조명-옮긴이)과 같았다. 특정한 정보를 선별하거나 특정 정보에만 주의를 두는 것이 아니라 주변의 거의 모든 사물에 주의를 기울였다. 물론 아이들에게는 많은 정보가 새로운 것이다. 성인에게는 아주 평범한 사물도 아이에게는 새로운 것이며, 그래서 아이가 어른보다 많은 곳에 주의를 기울일 수 있다. 산광등과 같은 주의력은 아이의 학습에 매우 유리하다. 유용성이나 중요성을 따지지 않고 정보를 폭넓게 받아들이기 때문이다.

부모들이 가장 걱정하는 것 중 하나가 아이가 일단 글자를 알게 되면 책을 읽을 때 글자에만 주의하고 그림에는 주의하지 못하거나, 내용을 어떤 장면 또는 영상처럼 상상하는 것을 방해받지 않을까 하는 것이다. 하지만 영유아의 독특한 주의력을 이해한다면 글자를 아는 것이 상상력과 창의력을 파괴할까 하는 걱정은 하지 않아도 된다.

글자를 안다고 책을 읽을 때 글자만 보고 그림을 보지 않는 것은 어른에게만 해당한다. 글자를 안다는 것은 어른에게는 비교적 빠르고 효과적으로 정보를 얻는다는 것을 의미하므로 주의력이 글자에 집중된다. 하지만 아이는 다르다. 아이의 집중력은 여러 곳으로 분산되므로 글자와 그림에 동시에 주의를 기울일 수 있다. 두 아들과 책을 보면서 아이들의 손가락이 내가 미처 주의하지 못한 세세한 부분을 가리킨다는 것을 발견했다. 아이가 글자를 깨친 뒤에도 이러한 현상은 마찬가지로 나타났다. 아이가 글자를 깨치고 나면 글자만 보고 그림을 보지 않을 거라는 근거 없는 걱정은 접어두어도 된다. 사실 문자는 아이에게 무한한 상상의 세계를 선사한다. 어떤 글을 보면 누구나 그림을 상상할 수 있다. 그리고 그 상상의 모습은 사람마다 모두 다르며, 상상력이 얼마나 풍부한가는 그 이전에 얻은 정보에 달려 있다.

하지만 아직 많은 부모가 지식을 학습하는 것이 아이의 상상력을 억제한다고 확신한다. 자기 아이는 글자를 깨친 이후 확실히 글자만 보고 그림을 보지 않았다고 이야기하는 엄마도 있다. 그렇다면 앞서 설명한 정보의 입력·가공·출력이라는 세 가지 과정에서 도대체 어떤 부분에 문제가 생긴걸까?[8]

경고 : 이렇게 하면 아이의 상상력과 창의력을 해친다!

경고 1 : 학습과 경험의 수준이
아이의 발달 단계에 맞지 않는다

먼저 아이가 학습하고 경험한 정보가 발달 수준에 맞는지 확인해야 한다. 아이는 기계처럼 이쪽에서 정보를 입력하면 다른 쪽에서 그대로 출력하지 않는다. 아이는 주동적이고 적극적인 학습자라서 정보를 받아들인

---

8   고프닉의 저서 《우리 아이의 머릿속(The Philosophical Baby)》, 《요람 속의 과학자(Scientist in the Crib)》를 참고할 만하다.

후 자신의 방식으로 처리한다. 이때 출력한 정보는 원래 그대로가 아니라 처리를 거쳐 자신의 독특한 방식으로 생산한 것이다. 다만 첫 번째 단계의 정보 내용과 입력 방식이 아이의 발달 수준에 부합해야 하며, 이렇게 해야만 정보가 아이에게 이해되고 자신의 방식으로 출력될 수 있다.

부모는 아이의 각 단계별 발달 특징을 이해해야 하며 어떤 지식을 강제로 입력할 수는 없다. 만 0~2세의 아이는 감각과 동작을 통해 세상을 탐색하고 이해한다. 이 시기의 유아에게 구체적인 사물을 벗어나 학습하도록 강요해서는 안 된다. 예를 들어 이 시기의 아이에게 카드를 보여주며 '얼음'이라는 단어를 알려줘도 아이는 그것이 무엇인지 전혀 알 수 없다. 하루에 몇 번씩 보여주고 읽어주어 아이가 이 글자를 읽을 수 있게 되더라도 아이가 글자와 사물을 연결하고 그 사물의 특징을 학습했다고 말할 수 없다. 이렇게 아이의 발달 규칙에 맞지 않는 '주입식' 정보 입력 방식은 경계해야 한다. 이런 방식은 도리어 세계를 탐색하고 여러 규율을 발견하고자 하는 적극성을 해치고, 지식과 경험을 분리한다. 그럼으로써 아이의 흥미와 내재적 동력을 감소시키고, 마침내 상상력과 창의력마저 파괴한다.

만 0~2세의 아이는 얼음을 가지고 놀면서 그것이 차갑고 미끄럽다는 걸 느낄 수 있다. 부모는 아이와 함께 냉장고 속의 얼음을 관찰하거나, 음료수에 얼음을 넣어 마시면서 질문을 하거나 아이에게도 질문을 해보도록 유도할 수 있다. 아이는 사물을 구체적으로 알고 난 후 글자를 보면 이전의 경험이 있기 때문에 더 빨리 학습하고 더 잘 응용하고 기억할 수 있다.

학령기 이전의 아동과 학령기 아동은 구체적 사고를 중심으로 만져보고 직접 체험하는 구체적인 방식으로 학습한다. 만약 주입식으로만 학습한다면 아이의 이해 능력과 학습 능력을 저해할 수 있다. 예전에 학령기 이전 아동에게 구구단을 외우게 하는 부모를 본 적이 있다. 아이가 수와 수의 관계를 이해하지 못하면서 구구단을 기계처럼 외운다면 이러한 지식을 응용할 수 없거나 정해진 틀 안에서만 응용할 수 있을 것이다.

이것은 우리가 애초에 원하던 상상력과 창의력을 길러주고자 하는 목표와 맞지 않는다. 사실, 시작은 천천히 하는 것이 좋다. 아이에게 발견하고 이해하고 생각할 시간을 주는 것이다. 무작정 구구단을 외우게 하는 것보다 물건을 세어보고, 순서대로 헤아려보고, 그다음에는 2, 4, 6이나 5, 10, 15처럼 건너뛰면서 세어보면 아이는 수와 수의 관계와 규율을 발견할 수 있다. 그러면서 왜 5가 하나이면 5이고, 5가 둘이면 10인지 이해할 수 있게 된다. 설령 아이 스스로 발견하지 못하더라도 실물로 헤아려보고 부모가 다시 한 번 짚어주면 충분히 이해할 수 있다. 이러한 구체적인 방법으로 얻은 지식이야말로 '살아 있는' 지식이다. 관찰력, 사고 습관, 문제 해결 능력 역시 구체적인 방법을 통해 얻을 때 상상력과 창의력의 근원이 된다.

정보를 입력하는 과정에서 아이들이 관찰하고 생각하고 질문하고 틀리는 과정을 거치도록 하여 흥미를 자극했는지 스스로 생각해보아야 한다. 아이는 완전히 새로운 세계에 있으며 아이의 생활은 끊임없이 학습하는 과정이다. 부모는 아이의 호기심과 흥미를 북돋아 상상력과 창의력을 자극해야 한다.

경고 2 : 학습 과정에서 시행착오와 탐색을 허용하지 않는다

아이의 학습은 긍정적인 과정이라서 대뇌에 입력된 정보를 자신의 방식으로 처리하고 이해하여 지식체계의 일부분으로 바꾼다. 부모는 아이가 자신의 방식으로 학습하도록 해야 한다.

아이의 학습은 종종 시행착오의 과정을 겪는다. 어른들은 종종 기다리지 못하고 의심할 여지가 없는 주입식으로 아이의 시도, 학습, 발견의 과정을 빼앗는다. 그러면 아이의 독립적 사고와 계속된 시도를 통해 문제를 해결하는 능력을 훼손하게 된다. 이런 현상은 어렵지 않게 볼 수 있다. 아이가 기차놀이를 하다가 기차 레일 하나를 들고 휴대전화인 양 회사에 있는 아빠에게 전화를 거는 척했을 때, "이건 전화가 아니라 기차 레일이니까 여기에 놓아야지!"라고 하는 식이다. 이런 '지도'는 생활 속에서 얼마든지 있다. 부모는 자신이 있는 힘을 다해 한 지도가 오히려 아이의 상상력과 창의력을 방해한다는 것을 알고 있을까? 어른은 아이의 놀이를 놀이답게 대하고, 어른의 관점에서 바로잡고 싶은 욕구를 억제하면서 아이에게 시간을 줘야 한다.

한 엄마가 아이에게 낚시놀이 장난감을 사주었다. 18개월 된 아이는 이 장난감을 아주 좋아했다. 어느 날 엄마는 아이가 낚싯대를 거꾸로 잡고 노는 걸 발견했고, 얼른 방향을 돌려주었다. 하지만 엄마가 도와주고 나자 아이는 놀이를 계속하지 않았다. 어찌 된 일일까?

아이는 놀이에 한창 집중하면서 왜 물고기가 잡히지 않는지 고민하고

306

있었다. 그런데 엄마가 나타나 방해하니 기분이 나빠진 것이다. 부모는 참아야 한다! 입을 열기 전에 아이의 상태를 보고, 집중하고 있는지 아니면 도움을 필요로 하고 있는지 확인해야 한다. 만약 아이가 도움을 요청할 때까지 기다린 후에 도와준다면 아이는 기분이 나빠질 이유가 없다. 아이가 도움을 구하지 않았다면 급히 도와주지 않아도 된다. 아이가 자신의 시도에 집중하게 하여 마침내 물고기가 잡히지 않는 이유를 깨닫게 되기까지 관찰하고 탐색할 시간을 주고, 여러 번 시도한 후 스스로 문제를 발견할 수 있게 해야 한다. 이러한 발견은 아이에게 기쁨과 성취감을 주며, 그 뿌듯함은 부모가 가르쳐주어 알게 됐을 때보다 훨씬 강렬하다. 이후 다시 문제에 부딪히면 또다시 시도해보고 스스로 노력해 해결한다. 이런 선순환을 통해 아이는 더 많은 것을 배우게 되고 문제 해결 욕구도 더욱 커진다. 이는 아이가 세상을 탐색하는 오묘하고 강력한 동력이 된다. 이러한 동력이 있어야 상상력과 창의력이 지속적으로 발달할 수 있다.

경고 3 : 아이가 자신의 답을 표현하는 것을 허용하지 않는다

아이의 상상력과 창의력을 어떻게 발견할 수 있을까? 아이는 말, 글, 그림, 탑 쌓기 등 작품을 통해 자신이 얻은 정보를 자신만의 방식으로 표현한다. 그러므로 아이들이 자유롭게 표현하는 것을 허락해야 한다. 이를 막는다면 아이의 상상력과 창의력을 저해할 수 있다.

현재의 문제는 많은 부모와 선생님이 '정답만을 추구'하고, '유일한 기준을 추구'하는 교육 분위기를 만들었다는 것이다. 한 엄마는 아이가 원래 그림 그리는 것을 매우 좋아했는데 미술 수업을 듣거나 시범을 본 후에 오히려 그림 그리기를 싫어하고 자신이 그림을 못 그릴까 봐 걱정한다고 했다. 이러한 문제도 주변에서 쉽게 볼 수 있다. 주변의 어른들은 자신의 평소 언행에 적절하지 못한 점이 있었는지 관찰해볼 필요가 있다.

부모와 선생님의 일부 평가가 때로 자신도 모르게 아이의 성장에 부적절한 분위기를 만들기도 한다. 만약 최종적인 결과만을 주목하고, 샘플과 비교하거나 선생님 또는 다른 친구들의 작품과 비교해 아이의 그림이 못하다고 평가하면 아이는 '어떤 기준에 도달해야 하는구나'라는 생각을 하게 된다. 만약 그 기준에 도달하지 못하는 것을 실패라고 생각한다면 당연히 그림을 그리고 싶지 않을 것이다. 그러므로 부모와 선생님은 자신의 언행과 평가에 신중하고 아이가 자신의 방식으로 자유롭게 표현하도록 해야 한다. "좋아", "잘했어" 같은 말로 평가해서는 안 된다. 아이들 저마다의 특징과 장점에 대해 구체적으로 평가해야 한다. 어떤 기준이라는 속박이 없다면 아이들은 더 많은 가능성을 출력해낼 것이다.

게다가 많은 경우 가장 좋은 또는 정확한 답은 존재하지 않는다. 아이가 모든 사람이 저마다의 특징과 생각을 가질 뿐 정답이 존재하지 않는다는 사실을 인식하게 된다면 '내 생각이 맞는 것일까?'라는 걱정은 하지 않게 될 것이다. 또한 다른 사람을 비웃을 수 있는 사람은 없다는 사실도 깨닫게 된다. 이런 걱정이 사라지면 아이는 자신의 느낌과 생각을 자유롭게 표현할 수 있다. 반대로 틀에 박힌 정답만을 추구하면 아이의 상상력과 창의력에 손상을 주게 된다.

창의력에 대해 이야기할 때 우리는 수렴적 사고convergent thinking와 확산적 사고divergent thinking의 차이점을 말하곤 한다. 수렴적 사고는 기존의 지식을 이용해 유일한 정답으로 문제를 해결하는 것을 의미한다. 표준화된 시험이나 IQ 테스트에 이러한 사고방식이 요구된다. 확산적 사고는 하나의 문제에 대해 여러 가지 해결 방법을 생각해내는 것이다. 이 두 가지 사고방식은 매우 중요하다. 하나의 문제를 해결하는 초기에는 확산적 사고를 이용하여 여러 정보를 평가하고 다양한 가능성을 제기하며, 이러한 방법을 조직하고 통합해 가장 적절한 방법을 찾을 때는 수렴적 사고가 유용하다.

학습이 아이의 상상력과 창의력을 없애는 것은 아니다. 다만 주변의 교육 분위기가 유일한 정답을 추구하는 등의 수렴적 사고를 강조하는 쪽으로 흐른다면 부모가 일종의 완충지대 역할을 해야 한다. 아이가 확산적 사고를 할 수 있는 과제를 제시해 자기 생각을 드러낼 수 있도록 용기와 자신감을 심어주고, 개방적인 태도로 다른 생각을 수용하며 다양한 가능성을 상상하도록 해야 한다. 이러한 점이 아이의 창의력 발달에 도움이 된다.

상상력과 창의력이 풍부한 사람은 모든 사물을 세심하게 관찰하고, 문제를 해결하는 데 강한 집중력과 열정을 보이며, 어려움에 부딪히더라도 쉽게 포기하지 않는 등의 특징을 보인다. 부모는 아이가 든든한 기초를 다질 수 있도록 도와야 한다. 이렇게 해야만 균형 있게 발달한 아이로 키울 수 있다.

상상력과 창의력은 생활 속 힘을 합한 결과다

아이는 세상의 다양한 정보를 끊임없이 받아들인다. 그 정보가 대뇌에서 소화 과정을 거치면서 상상력과 창의력이 지속적으로 발달한다.

자신의 방식으로 학습하고 자유롭게 표현하게 한다

아이에게 활동의 단일화가 아닌 다양화를 보장해줘야 풍부한 상상력과 창의력을 기대할 수 있다. 아이가 세상을 탐색하고 여러 사물의 규율을 학습하는 경로는 다양하다. 어른이 보기에 무미건조한 과학적 지식 역시 아이의 상상력과 창의력을 자극할 수 있다.

큰아이는 과학책을 좋아하며, 보고 난 후 기록하는 것도 좋아한다. 하루는 아이가 서로 다른 파동에 서로 다른 파장이 존재한다는 것을 보고 재질마다 다른 능력이 있다는 것을 배웠다. 책을 매우 관심 있게 보고는 게임을 만들어내 같이 놀자고 했다. 아이는 자기 이름을 따서 'PK방사선'이라는 이름까지 지었다.

• 1라운드

내가 알파(α)선이 되고 아이는 종이 한 장을 들고 "알파선, 지금 이 종이를 뚫고 지나가세요!"라고 말했다.

나는 발버둥 치고 힘을 내는 척하면서 "이 종이를 뚫고 지나갈 수 없어요"라고 말했다. 그러자 아이는 "1라운드는 내가 승리!"라고 선언했다.

• 2라운드

내가 베타(β)선이 되고, 아이는 종이 2장을 들고 합판이라면서 말했다. "베타선, 지금 이 합판을 뚫고 지나가세요!" 속으로는 '어차피 내가 질 게 뻔하네, 뭐. 종이를 들고 있어도 못 지나갔는데, 합판이라니!'라고 중얼거렸다. 하지만 나는 여전히 발버둥 치며 힘을 내는 척하다가 "이 합판은 뚫고 지나갈 수 없어요"라고 말했다.

아이는 "2라운드도 내가 승리!"라고 선언했다.

• 3라운드

나는 감마(γ)선이 되고 아이는 이제 종이 3장을 들고 두꺼운 납판이라면서 말했다. "좋아요. 감마선, 준비됐나요? 이제 이 납판을 뚫고 지나가세요!"

나는 또 한 번 발버둥 치며 힘을 내는 척하다가 말했다. "저의 일부분만 이 납판을 뚫고 지나갈 수 있어요."

아이는 "3라운드는 비겼습니다"라고 선언했다.

이 게임은 내가 생각하기에도 재미있었다. 무미건조한 정보를 아이가 창의적으로 표현한 것에 감탄했다.

아이는 이야기를 적고 게임을 만들었다. 적극적으로 지식을 흡수하고 머릿속에서 통합과 소화 과정을 거쳐 마지막으로 자신의 독특한 방식을 통해 '나는 이 지식을 이렇게 이해하고 응용했어요'라고 표현한 것이다. 이것이 상상력과 창의력의 표현이다. 여유로운 환경에서 지식의 바다를 자유롭게 떠돌며 아무런 속박 없이 자기 생각을 표현해내면서 아이는 호기심과 강한 흥미, 민감한 학습 촉각을 유지할 수 있었다.

여러 힘이 모여 상상력과 창의력을 자극한다

책 읽기, 그림 그리기, 공작, 퍼즐, 바깥 놀이 등 아이가 참여하는 여러 활동은 상상력과 창의력에 어떤 영향을 미칠까? 촉진할까, 방해할까? 아니면 균형을 이룰까? 아이는 많은 사람을 만난다. 부모, 선생님, 주변 사람 등. 이들은 아이에게 어떤 영향을 미칠까? 짝꿍은 서로에게 어떤 영향을 미칠까? 아이가 속한 문화와 전통은 아이에게 어떤 영향을 미칠까?

여러 활동에서 아이가 많은 사람을 만나는 것을 고려하면 상상력과 창의력은 여러 요소가 함께 작용하여 만들어내는 힘의 결과이지 하나의 활동을 통해 단기간에 길러지는 것이 아님을 알 수 있다. 아이가 과학, 예술, 쌓기 등 여러 활동에 참여하면 여러 방면의 상상력과 창의력을 기를 수 있다. 부모가 아이의 수준에 맞는 여러 자원을 제공하고 아이의 학습 흥미를 자극하면서 개방적이고 여유로운 분위기를 만들면, 이러한 요소들이 아이의 상상력과 창의력에 영향을 미친다.

어떤 아이에게는 특히 더 개방적인 분위기가 필요하고 어떤 아이에게는 특별한 한 분야의 자원이 더 필요하다. 여러 방면의 자극은 상상력과 창의력을 발달시키는 커다란 힘을 형성한다. 어떤 상황에서는 부모의 영향이 크고, 어떤 상황에서는 선생님의 영향이 크다. 또 어떤 상황에서는 짝꿍의 영향이 크다. 이러한 영향력은 서로 촉진하거나 상쇄한다. 전체적인 힘 역시 아이의 상상력과 창의력이 발달하는 데 영향을 준다.

상담사인 친구가 이런 이야기를 해준 적이 있다. 초등학교 1학년인 남자아이가 미술에서 항상 불합격을 받았다. 선생님과 부모는 이 아이에겐 상상력이 전혀 없다는 결론을 내렸다. 우연한 기회에 이 아이가 미술 분야에서 일하는 이모 집에 놀러 갔는데, 아이가 이모와 그림 놀이를 하면서 먼저 낙서처럼 선을 그리더니 그 선에 그림을 덧붙여 몇 폭의 그림을 그렸다. 그러자 상관없어 보였던 그림이 하나의 이야기로 구성됐다. 이모는 아이가 선으로 매우 생동감 있는 그림을 그렸으며 구성한 이야기도 매우 상상력이 풍부한 작품이라는 것을 발견했다.

사실 이 아이는 상상력과 창의력이 매우 뛰어난 아이였다. 그런데 왜 선생님과 부모는 상상력이 부족하다고 판단했을까? 학교 미술 시간에 어떻게 교육했는지, 선생님은 어떻게 평가했는지, 부모는 아이를 어떻게 대했는지 되돌아봐야 한다. 특히 부모와 선생님은 상상력과 창의력을 표현할 기회를 주지 않은 것에 대해 반성해야 한다.

이 아이는 분명 상상력과 창의력이 풍부했다. 선생님과 부모가 만든 주변 환경은 아이의 표현을 억눌렀다. 그런데 이모 집에서 정해진 기준이 없이 자유롭게 표현할 기회를 얻자 마음이 편안해진 아이는 완전히 다른 사람이 됐다. 아이의 상상력과 창의력이 어떻게 발달하는지 보려면 하나의 활동만으로 판단하지 말고 아이의 생활 속에서 여러 영향력이 만든 힘이 상상력을 촉진했는지 아니면 억눌렀는지를 고려해야 한다.

한 학기의 미술 과목이 아이의 상상력을 촉진했는지 방해했는지는 그 학기의 미술 과목만이 아니라 여러 영향력을 합친 힘에 달려 있다. 미술 과목 이외에 다른 활동도 있는지, 아이에 대해 누구의 영향이 가장 큰지, 아이의 성격이나 흥미는 어떤지…. 미로 속에 있다면 쉽게 빠져나올 수 없지만 미로를 빠져나와 위에서 바라볼 수 있다면 쉽게 방향을 찾을 수 있는 것과 같은 이치다. 아이를 키울 때는 좀더 높은 곳에 서서 바라봐야 눈앞의 일에 전전긍긍하지 않을 수 있다.

에필로그

양육에 관한 오해의 늪에서 빠져나오려면

　이 책은 인터넷을 통해 많은 부모와 나눈 이야기들을 엮은 것이다. 여기 담긴 모든 문제가 부모들이 인터넷이나 생활 속에서 자주 묻고 토론하는 고민거리라는 얘기다. 이 책이 아이의 발달 단계를 이해하고 그 이유를 깨달으며 고민과 걱정을 더는 데 도움이 되기를 바란다. 이 책을 읽고 아동 발달 과정의 문제를 이해하게 되고, 무거운 짐을 내려놓으며, 육아의 강박에서 벗어날 수 있다면 이 책의 목적은 달성한 셈이다.

　나는 미국 코네티컷대학교의 심리학과에서 발달심리학을 전공해 심리학 박사 학위를 받았다. 그리고 그 주에 아이가 생겼다. 그간 공부한 많은 이론과 연구를 아이에게 그대로 적용할 수는 없었지만, 나의 전공은 엄마로서의 역할을 하는 데 실제로 많은 도움이 됐다.

우선 나는 영유아 발달의 대략적 과정과 단계별 특징을 잘 알고 있다. 아이가 생후 한 달이 되면 점점 더 많이 울다가 생후 6~8주에 최고조에 달하고 생후 4개월이 지나면 차츰 줄어들면서 안정을 찾는다는 사실을 이미 배워서 알고 있었다. 그래서 나는 아이가 점점 더 자주 울 때도 당황하지 않았고 내가 무엇을 잘못해서 우는 것은 아닌지 걱정할 필요가 없었다. 대부분의 아이가 이러한 과정을 겪는다는 사실을 알고 있었고 일정 시간이 지나면 줄어든다는 것도 예측할 수 있었기 때문이다. 나는 가족들에게도 이 사실을 알려주었고, 그 덕에 우리 가족은 아이가 울 때 비교적 안정적으로 지켜볼 수 있었다. 아이의 발달 단계를 이해하면 자신감을 갖고 여유롭게 대처할 수 있으며, 배짱이 생기고, 예측이 가능해진다.

그런 다음에는 부모의 관찰력이 매우 중요하다. 자녀를 관찰할 수 있어야 이해할 수 있고, 아이에게 맞는 교육을 할 수 있다. 영유아를 연구하면서 나의 관찰력은 더욱 단련됐다. 나의 연구실에는 생수 수개월에서 만 1~2세의 유아들이 찾아온다. 아이들은 낯선 곳에서 낯선 사람을 접촉한다. 어떻게 하면 아이들이 단시간 내에 안정을 찾고 '임무'(겉보기에는 놀이처럼 보이지만)를 완수하게 할 수 있을까? 이를 위해서는 말투와 얼굴색을 통해 심중을 헤아리는 능력이 필요하다. 그런 능력을 갖춰야 아이와 부모가 연구실에서 긴장을 풀도록 해줄 수 있다. 돌아보면 이렇게 길러진 관찰력이 내 아이를 관찰하고, 아이의 개성과 필요를 이해하고, 일부 문제를 해결하는 데 많은 도움이 됐다.

엄마가 된 이후 아이의 일상적인 문제와 관련하여 수시로 육아 사이트를 검색해보곤 했다. 그러던 중 인터넷에 무수히 많은 질문이 올려져 있으며, 어떤 질문은 며칠에 한 번꼴로 등장할 만큼 궁금해하는 사람이 많다는 사실을 발견했다. 아이의 상태가 다 같지는 않지만 많은 사람이 아동의 행동이나 상태에 따라 해결 방안을 제시한다. 하지만 상태에 근거한 것만으로 문제를 해결할 수 없을 때도 있다. 때로는 어려움과 혼란만 가중시키기도 한다. 왜냐하면 아이의 행동은 유사해 보이지만 그 원인은 다양하기 때문이다. 다른 데서는 통했던 방법이 우리 집에서는 통하지 않을 수도 있다.

그래서 나는 시간이 날 때마다 이런 문제에 대해 답변해주었다. 나는 보통 아동의 발달 특징에 따라 아이의 어떤 행동이나 문제의 본질을 이해한다. 어떤 문제는 발달 과정에서 나타나는 정상적인 현상이라 부모가 인내심을 갖고 관찰하고 기다리면 좋아진다. 그 밖의 경우는 아이가 어떤 단계에 있을 때는 발달상 어떤 특징을 보이는지, 어떤 변화가 나타나는지, 아이의 행동에 원인이 있을 가능성은 무엇인지, 해결하기 위해서 어떻게 해야 하는지 등을 알려주었다. 아이마다 개성이 있으므로 계속해서 질문을 하는 부모도 있었다. 그러면 나도 계속해서 가능한 방법을 생각해냈다. 그때 함께 고민하고 토론했던 엄마가 지금은 평생의 친구가 됐다.

웨이보에 글을 올리기 시작한 후 부모들의 고민이 더 많고 광범위하다는 사실을 발견했다. 발달심리학에 대한 부모의 이해가 대체로 부족하기 때문이다. 영유아의 단계별 발달 특징을 이해하지 못한다면 지극히 정상적인 현상도 문제로 여길 수 있고 육아에 대한 자신감도 저하될 수 있다. 예를 들어 많은 엄마가 아이가 두 돌이 지나면 부모에게 반항하기 시작하고 말을 들지 않는다고 불평을 늘어놓는다. 사실 이것은 정상적인 발달 현상으로 아이가 자아감을 형성하고 있다는 뜻이다. 또 한편으로 어떤 이론이 국내로 들어올 때 변형돼 양육에 오히려 혼란을 초래하는 경우가 있다. 예를 들어 '만족 지연'이 그렇다. 그 개념에 대한 오해로 많은 부모가 올바르지 않은 양육 방식을 따르기도 했다. 또 유행에 휩쓸린 교육 개념도 많아졌는데, 그 의미를 제대로 이해하지 못해 이론을 적절히 적용하지 못하기도 한다. 좌절 교육이나 칭찬 교육, 민감기 등의 개념에도 많은 오해가 존재한다.

블로그에서 많은 네티즌과 교류하고 토론하면서 부모들의 독특한 교육 환경과 그들의 고민에 대해 이해하게 됐다. 이 책의 열세 가지 문제는 인터넷을 통해 광범위하게 토론하고 고민했던 주제다. 발달심리학의 연구와 이론으로 해석하고 방향을 제시했으며, 나와 블로그 이웃들의 경험을 접목하여 실현 가능하면서도 효과적인 방법을 제시했다. 하지만 모든 상황에 대해 속속들이 연구하고 해법을 내놓은 것은 아니므로, 여기에 제시한 방안은 이론적으로 이해하고 자녀의 특징에 따라 적용하기 바란다. 이렇게 하면 올바른 큰 방향 안에서 세세한 부분은 융통성 있게 적용할 수 있다.

대부분 부모의 고민은 아동 발달 규율에 대한 이해 부족에서 기인하며, 작고 사소한 문제에 집착하기 때문에 발생한다. 이렇게 하면 이런 위험이 있고, 저렇게 하면 저런 위험이 생기는 상황이 발생하는 것이다. 아동 발달의 한 점만을 보고 전체를 보지 못해 점점 더 불안해한다. 아동이 어떻게 발달하는지, 단계마다 어떤 특정이 있는지 이해하고, 전체적인 시각을 가져야 한다. 전체를 바라보면 한 가지 문제를 더 잘 볼 수 있으며 엉킨 매

듭이 자연스럽게 풀린다. 이 책을 쓰면서 나는 문제를 열세 가지로 구분했지만 독자는 모든 정보를 통합하기를 바란다. 조기교육이나 민감기, TV 시청 등 3개의 장에서 다룬 정보는 서로 관계가 있다. 그리고 정서, 칭찬, 경쟁, 즐거움도 서로 관련이 있다. 각 분야를 구분하지 말고 육아를 하나의 전체로 보고 멀리 내다볼 수 있기를 바란다.

《사조영웅전射鵰英雄傳》이 다시 회자되고 있다. 강남칠괴江南七怪는 곽정을 10년 넘게 가르쳤지만 조금도 발전하는 기색이 없다. 하지만 마옥이 2년을 가르치니 내공이 생기기 시작해 무술이 크게 늘었다. 양육에서는 아이의 단계별 모습을 이해하고, 아동 발달의 외재적 현상과 본질을 이해하는 것이 내공이라고 생각한다. 초보일 때는 하나씩 배워야 입문할 수 있지만, 이후에는 꾸준히 내공을 쌓아야 한다. 많은 연습을 거치면 어느 날 문득 고수가 되어 있는 자신을 발견할 것이다. 이 책에서 설명한 원리와 이론을 육아 내공으로 삼고 일부 예시를 통해 스킬을 연마하기 바란다. 그리고 최종적으로는 고정된 방식을 벗어나 자신의 상황에 맞게 융통성 있게 응용하면, 전체적으로 이해하면서 애정이 넘치는 좋은 부모가 될 수 있다.

자녀를 양육하는 과정은 무수한 선택의 과정이라고 할 수 있다. 부모로서 남이 하는 대로 따라 하지 말고 스스로 관찰하고 생각해야 한다. 이 책의 목적은 부모를 대신해 생각하고 선택하는 데 있지 않고 발달심리학의 이론과 연구 결과를 실천 과정에서 응용하도록 하는 데 있다. 만약 이 이론과 방법을 전혀 몰라 도움을 청한다면 나는 누구에게든 창을 활짝 열어줄 생각이다.

고보혜 옮김

숙명여대 중문과를 졸업하고, 서울외대 통역대학원 한중과를 졸업했다. ICOM 세계 박물관 대회, 한중일 포럼 통역 등 활발한 활동을 하고 있다. 현재 번역에이전시 엔터스코리아에서 출판기획 및 중국어 전문 번역가로 활동하고 있다. 주요 역서로는 《빌 게이츠의 인생수업》, 《인생 실험실》, 《초등 논술, 일기로 끝내라》 등 다수가 있다.

아이를 키우면서 가장 많이 고민하는
13가지 질문에 대한 과학적 해답

초판 1쇄 발행 2017년 9월 25일
지은이 천신 | **옮긴이** 고보혜

펴낸이 민혜영 | **펴낸곳** 카시오페아
주소 서울시 마포구 월드컵북로 42다길 21 (상암동) 1층
전화 02-303-5580 | **팩스** 02-2179-8768
홈페이지 www.cassiopeiabook.com | **전자우편** editor@cassiopeiabook.com
출판등록 2012년 12월 27일 제385-2012-000069호
외주편집 공순례 | **디자인** 김진디자인

ISBN 979-11-85952-99-4 03590

이 도서의 국립중앙도서관 출판시도서목록 CIP은 서지정보유통지원시스템 홈페이지 http://seoji.nl.go.kr 와 국가자료공동목록시스템 http://www.nl.go.kr/kolisnet)에서 이용하실 수 있습니다. CIP제어번호 : CIP2017023727